田野裡的古早味

醃梅子、漬醬菜、釀米麴、做腐乳……
阿嬤古傳的料理智慧

朱美虹——著
楊文全——攝影

自序

田野與城市的距離，就讓我用這本書填滿

從來也沒有想過自己可以寫一本書，而且寫的是回到家鄉二十年後，從土地裡長成的書。

自小就離開出生的宜蘭到台北生活，在城市長大搬了不下十次家，然後到南部就學、到日本短住的四年裡成家生了兩個小孩，之後又回到了自己出生的地方。繞了一圈好像又回到了原點，彷彿有一種落葉歸根的命定感。走遍大江南北之後再回到出生的地方，與當時錯身而過的農村生活又重逢了。

曾經也為了不斷變換的居所有些怨懟，因為搬家讓國小到大學的同學，都聯繫不到我……，同學會彷彿和我絕緣！卻不曾想過，這些都市生活與異國求學的遷徙經驗，讓再次回到熟悉卻又陌生家鄉的我，反而對鄉村生活、傳統古法的釀造醃漬，有了不同於在地人，卻又不同於外地人，一種全新的視野與觀點。

我的生命歷程，彷彿就是為了把農村田野裡的事情告訴都市裡的大家，然後再把城市裡的人脈慢慢地牽引到田野中；就是為了把城市跟農村揉在一起變成現代的韻味。於是我起心動念，想為這些曾經做過的，或者是即將失傳的古早味，留下紀錄。讓都市裡的人可以窺見田野裡的生活，也讓農村裡的生活樣貌讓大家都知道。

雖然，現代人的生活好像脫離鄉村很遠了，但老實說依舊是根植於土地之上，生活的鐘擺終究又回到了另一端，虛擬數位的時空又回到了趨近原始土地的初衷。

我感覺，自己就像是個穿越時空的女人吧！把現在跟過去、把都市跟鄉村都連結在一起，讓田野與城市的距離就用這一本書把它補滿吧。

朱美虹

目錄

CHAPTER 1 蔬菜

CHAPTER 2 水果

CHAPTER 3 米豆

CHAPTER 4 海味與肉

CHAPTER
1

蔬菜

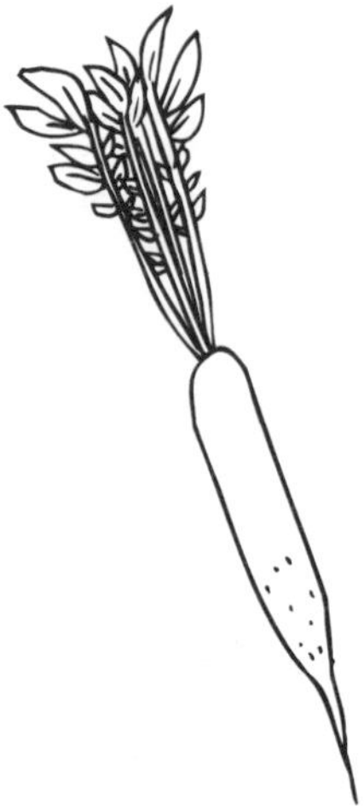

黃金菜脯
沒有陽光依然燦爛

在都市生活，人際關係往來相對單純，親戚間少有頻繁交往，複雜的關係稱謂只在一年一次的宗親會中出現。剛回到宜蘭定居，與身邊的親戚重新連線，彷彿生命中突然多出許多姑姑、嬸嬸、叔叔、伯伯，這是在台北生活時沒有過的經驗。

這些雨後春筍般冒出來的親友，有年紀大我很多歲的表姐，小孩年紀跟我差不多的姑姑，抑或是跟我兒子年紀一樣的小表弟。剛開始我非常不習慣，連帶也被複雜稱謂搞得頭昏腦脹。幸好經過溝通，除了長輩們該有的尊稱外，其他一律以名字互稱，大家都樂得省心。

跟住在鄉間的親戚鄰居往來，每一季都可以收到各種禮物，其中最特別的，是每年過年前收到的黃金菜脯。每一條金黃色的醃蘿蔔，都是姑姑用自己栽種的白蘿蔔，收成後花一整週功夫製成的。黃金菜脯裝在小小的豆漿玻璃瓶裡，我很好奇到底怎麼放進去的？後來跟姑姑學習製作菜脯的過程中才知道，是用竹棍把它硬生生壓進去的。

宜蘭人為了做這一樣白蘿蔔加工品，特地研發把蘿蔔塞進罐子的竹棍，此外，每家還用粗鐵絲再自製一個像耳扒子一樣前頭帶勾的工具，只為了時機成熟後，再把好不容易塞進去的蘿蔔乾取出食用。

一開始覺得這樣一進一出很麻煩，尤其需要用特殊工具才能完成。慢慢地，我發現這是吃黃金菜脯的儀式感。現在要取用時，我會呼喚老公或孩子們一起參與，甚至朋友來訪的時候，也可以增加一些有趣的互動。

來家裡吃過飯的朋友，初次看到黃金菜脯，都以為加了色素，才讓蘿蔔乾變成燦爛的金黃色，經我詳細解說才了解，宜蘭的蘿蔔乾完全透過自然發酵，產生出這麼美的顏色。至於為什麼會有這項特產？則跟宜蘭冬天多雨有關。

宜蘭的蘿蔔產季，主要集中在陰雨綿綿的冬季，台灣西部的蘿蔔，在產季怎麼樣也會有幾天大太陽可以曝曬，宜蘭的冬天卻很難找到曝日頭的機會，蘿蔔大出了，該怎麼保存呢？醃黃金菜脯就是先人的智慧。

我曾向姑姑打聽醃蘿蔔乾的鹽糖比例，得到的答案是：一百斤蘿蔔要用九斤鹽、四斤糖的比例下去醃製，姑姑叮囑：「這是一個黃金比例，一定要記好。」乍聽之下，完全被這個數量嚇倒，一百斤蘿蔔到底有多少啊！繼而一想這些醃好的蘿蔔乾，可是這一季做起來，要吃上一整年呢！長輩們從以前到現在，仍然是百斤百斤的製作，好像從來沒在怕的。

在我親身實驗下，醃完這一百斤蘿蔔，老實說數量並沒有想像中那麼多，自己留著吃一整年，再加上送人，可能都還有點不太夠呢！有一回，我把它送給一位喜歡做發酵食品的日本朋友，他說這跟日本早年做沢庵（たくあん）的方法一樣呢！只是現代工廠都用色素來染色，並沒有遵循傳統方式讓它自然發酵。

黃金菜脯的作法其實很簡單，製作前先把蘿蔔洗乾淨，稍微瀝乾水分，然後帶皮切成長條狀，用粗鹽搓揉後，裝進網袋中，再用石頭壓出水分。壓的時候，蘿蔔不要浮出水面，經過三個晚上，第四天把水倒掉。然後用棉布袋把蘿蔔包起來，以石頭重壓，以便把水分完全壓乾。這當中要不斷地鬆開棉布袋，而後再轉緊繼續壓，這樣才會很快把水分都壓乾。

如此這般，至少壓個一天，確保水分都乾了之後，再把壓乾的蘿蔔倒出來，在一個乾淨的大盆裡面，倒入白砂糖和蘿蔔乾一起拌勻，接下來還會出水，讓蘿蔔乾泡在糖水裡兩個晚上，偶爾攪拌一下，好讓蘿蔔乾把糖水再吸進去。

這時，就可以準備竹桿跟乾淨的豆漿瓶，記得瓶口要小一點，減少瓶中物跟空氣接觸，如此更容易保存，不易壞。把蘿蔔乾塞入瓶中時，一面用竹棍將塞進去的蘿蔔戳得更緊實一點，蘿蔔跟蘿蔔之間最好不要有空隙，空氣進不去，菜脯才不容易發霉。我的

經驗是一瓶小小的豆漿瓶裡，平均可以塞入三到四斤蘿蔔，難怪農村大家庭醃起蘿蔔來，隨便都是百斤起跳。

剛塞進罐子裡的蘿蔔顏色白白的，看來並不誘人。經過三、四個禮拜之後，漸漸變成金黃色，這樣的變化就是一種輕微的發酵。長輩們不斷耳提面命：「過年前做的菜脯因應節氣比較容易變成黃色喔！過年後再做的，可能就不會變色了！」

這才恍然發現，原來黃金菜脯在宜蘭也是非常具有節氣儀式感的發酵食品呢！

我愛瘦身成功的酸高麗菜

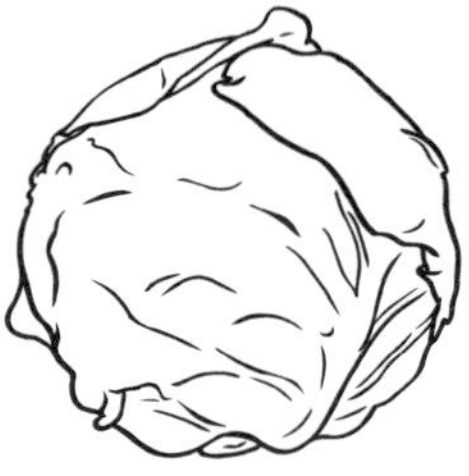

台灣的地理環境得天獨厚，從平地直上兩千五百公尺的高山，只要短短兩個多小時，氣溫居然可以比平地低上攝氏十五度左右，原本只能在冬天吃到的高麗菜，現在夏天也可以問世，一年四季都不會從餐桌上缺席。

說高麗菜是國民最愛的蔬菜，一點也不為過，吃火鍋可以放，炒臘肉要配，即便什麼都不加，單單純純的清炒高麗菜就夠美味。生的高麗菜絲可以擺盤、襯底，簡直就是百搭蔬菜。

雖說冬季才是宜蘭蔬菜的盛產期，但是高麗菜的生長時間比較長，大約需要三至四個月才能收成，小苗初期怕氣候不夠冷涼，易遭蟲蟲大軍侵襲；長大一點又怕太熱不會包心，著實是個令人操煩的蔬菜啊！往往等到宜蘭高麗菜收成時，都已經初春了，卻又碰上南部高麗菜季的尾聲，各家廚房進入高麗菜大爆炸時期，剛剛才跟小農買了三顆，接著又收到南部友善耕作的朋友寄來一箱，再怎麼好吃的菜，這種爆棚分量任誰看了都要舉雙手投降。

這個時候，來做高麗菜乾就是不錯的加工選擇。但是宜蘭的太陽，一貫都是高興就出來亮相，一會兒不開心了，馬上罷工回家，讓我沒有信心做出充滿太陽能量的菜乾。想想不如改做酸高麗菜，才能有效解決高麗菜爆倉的窘境。在做什麼事都一定要有「雨備」（雨天備案）的宜蘭，加工高麗菜完全可以伸縮自如，有太陽時拿出來曬，沒日頭的時候，就讓它吹一整天電風扇也行。

有一回，不記得收到哪位手作同好寄來的自製酸高麗菜，那種鮮

酸滋味真讓人百吃不厭，比生高麗菜多了濃縮後的蔬菜甘甜，又帶有自然酸香，更令人拍案的是——酸高麗菜的體積，大概只剩下原來的十分之一！

製作酸高麗菜，要先把高麗菜切成四等分，或是將葉子全部剝開，日曬一天或風乾一天都可以，其目的是讓菜葉中的水分收掉些，道理就跟製茶時的萎凋一樣。萎凋高麗菜是視覺上的盛宴，當高麗菜葉一片片鋪滿院落，好像在地上鋪了一層綿綿軟軟的白色地毯，十分壯觀。

經過一天的曝曬或風乾後，就可以用鹽稍微搓揉高麗菜葉，然後放進醃漬缸裡，並倒進生水，到高麗菜一半的高度。再用重物或石頭壓在上面，高麗菜會慢慢出水。如此讓菜葉泡在水底下，經過四到五天之後，可以先試試看酸味如何，是否達到自己想要的味道，如果不夠酸就再放幾天，完全可以憑自己的喜好，決定酸度及醃漬時間長短。之後再把醃好的高麗菜葉撈起來，擰去多餘水分，直接冷藏或冷凍保存。

高麗菜葉本身含水量頗多，製作時風乾這個步驟很重要，因為讓水分自然揮發一些，有助濃縮菜葉中的鮮甜滋味。我在做酸高麗菜的過程中深深覺得，菜葉裡的成分轉化是一種很神奇的變化，或許科學上可以找到理論基礎解釋清楚，但是那種潛移默化的風味變化，卻常常讓人說不清楚，也講不明白，因為酸高麗菜跟生高麗菜吃起來根本是兩回事啊！

我常常看著醃漬缸，好奇想著：「到底趁我睡覺的時候，這些菜都動了什麼手腳，在我沒有看見的時候，缸中發生了什麼革命？」雖然腦中常有許多問號，但更多時候其實不求甚解，單純只為了解決眼前高麗菜爆倉的問題。

其實，高麗菜的可塑性很高，變化食用的方法很多，口感滋味也大不同。生鮮的高麗菜口感比較脆爽，雖然有各種不同品種，但一般來說，吃來滋味都比較淡泊，烹煮時大多會用蒜頭爆香或大火炒來增添香氣，要不然就要加臘肉等比較有滋味的肉類增添風味。即便如此，味道清淡的高麗菜煮法，還是獲得大部分人的推崇，是餐桌上不可或缺的一道菜色。

然而，要把高麗菜清香淡泊的味道濃縮成特殊風味，就要靠時間和微生物菌種做推手。發酵是一個很神奇的過程，它把菜葉裡的天然甘甜，經過轉化，變成另外一種截然不同的風韻，不但易於保存，還因此多出很多料理變化。例如酸高麗菜可以熬煮火鍋湯底，也可以炒成酸酸甜甜辣辣的小菜，吃來十分開胃。

有時候，甚至只是單純把高麗菜曬乾脫水，也會有不同面貌產生，高麗菜乾不會變酸，但一樣會有濃縮的蔬菜香，這也是南部保存高麗菜最常見的手法。宜蘭沒有大太陽，想嚐一嚐曬製的高麗菜乾幾乎都是靠南部小農朋友友情贊助。偶爾在家用高麗菜乾煮湯的時候，飄出來的香氣，讓人不禁想起南部熱情的陽光，內心湧上一股暖意。這是食物帶我穿越時空，感受來自產地的風土跟人情。

農村常面臨「菜土菜金」的輪迴，「菜金」時表示大家都種不出來，也沒有盛產吃不完的壓力。碰到「菜土」季來臨，就是農婦們上場大展身手的好時機。加工後大幅瘦身的滯銷蔬菜更利於保存，冰在冰箱，整個「菜金」期間，它們都是最好的維他命C補充品，直到下一個高麗菜季節再度來臨……

野菜的苦味隱身術

經常觀看日劇、日本漫畫或聽朋友分享在日本的生活點滴，聽說日本人喜歡在春天時分，到戶外採摘野菜，再把採到的多樣野菜，帶回家烹製成天婦羅及其他野蔬料理。每次聽到這裡，總勾起我很大的興趣，連帶也讓我對採摘野菜這件事格外嚮往。

在台灣，我們鮮少聽聞這樣的採食活動。為什麼呢？就我的觀察，因為一般人對野菜十分陌生，心態上缺少接觸的勇氣，甚至有些抗拒。例如春末，是龍葵大爆發的季節。龍葵的嫩葉非常好吃，只是帶有些許苦味。它們一叢叢長在路邊或大樹之間，一般人路過，輕瞥一眼，不會特地駐足觀察，自動將它們歸檔為雜草等級。其中或許也有一些明白人，卻因為不喜歡它的苦味，或不知如何去其苦，乾脆放棄採食的想法。

不可諱言，部分野菜的確帶有些微苦味，難道就因此放棄不吃了嗎？我覺得太可惜了！曾聽身邊很多人說，自己除了高麗菜、青江菜、大白菜之外，不吃其他蔬菜。聽後總為他們感到惋惜，寶島出產這麼多種類豐富的蔬菜，姑且不論野菜，人工種植的蔬菜，種類就多到數不清，每天獨沾一味吃著千篇一律的菜色，如此沒有變化的飲食生活多麼無聊啊！

為什麼我覺得認識野菜很重要呢？在台灣，大家不願意輕易接觸野菜的原因，是直覺地認為野生的東西有毒，其實這是不熟悉野菜導致的誤解。另外，很多人覺得採食野菜是古早人的傳統生活方式，而傳統在這些人的腦海裡，又跟落伍畫上等號。現代人的飲食習慣早已經跟傳統飲食產生斷裂，對於這些古早智慧既不明白又拒絕去了解，因而造成諸多古老手藝失傳。

都會人抗拒野菜還有一個原因，是因為生活節奏緊張，少有時間心力動手做羹湯，年輕人多數選擇將就外食，委實可惜。因為對料理的放棄，同時也放棄了動手做所帶來的無形樂趣——對生活的想像力，這可能也是現代人沒有真正生活體驗的原因。大多數人寧可花錢買手搖飲或到名店排隊，購買流行商品，要不然就是斥資品嚐昂貴料理，奉美食指南為圭臬，得到的卻都是短暫且被設計過的體驗。

自己動手做飯則完全不同。從「想著要吃什麼」開始，就開啟了為自己服務的過程，一路從挑選食材、清洗、備料、烹飪、裝盤、擺設、上桌，最終來到品嚐，一系列流程，無一不是將最珍貴的時間與用心花在自己身上。不僅飽餐一頓，還透過這一頓餐食，更了解自己的飲食偏好。如若為了嚐鮮，去搜尋新知，進一步嘗試新的食材和料理方式，更為自己增添豐富的生活經驗。請問受益者誰？是自己啊！

當日子不再只有工作、流行跟風，開始有了自己獨特的品味，那才是真正有滋有味又有格調的生活。人生就是這樣，你付出時間

跟精力，造就了自己生活的模樣。你把心思、時光、精力花在喜歡的事物上，你的生活就會變成你想要的樣子。大家不妨捫心自問，我們花費多少時間聚焦在自己身上呢？

我偶爾感嘆，大多數人因為忙而盲，並沒有真正想像過自己想過怎麼樣的生活，我想，這也是他們對野菜有所抗拒的原因吧！至於許多野菜自帶的微苦澀，別擔心，總有些訣竅可以轉化這些苦味，成為層次更豐富的體驗。我在這裡跟大家分享三個實用料理秘訣，可以讓野菜不討喜的苦味立即變身：

一、將帶有苦味的葉菜類與蛋白質炒在一起，例如：蛋、豆腐、肉等優質蛋白質食材，就是野菜的料理好夥伴。

二、將野菜煮成蛋花湯。

三、先將野菜汆燙後再調味。

只要掌握好這三個料理技巧，日常面對帶有苦味的食材時，大家不妨勇敢嘗試，為自己開啟更豐富的味蕾體驗。以過貓為例，它的正式名稱是過溝菜蕨，也是一味野菜，它的料理方式正是先用沸水汆燙過，再拌入油脂滋潤，如此經調味後，就會讓它咬舌的澀感減少一半以上。

在台灣，常見的野菜如龍葵、昭和草、土人參可以說隨處可見。下次在路間散步時，若遇到一叢叢雜草，不妨放緩腳步仔細觀察，也許你會尋到寶帶回家加菜，也可以趁機讓生活的步伐緩慢下來，拉近自己與大自然的距離。

釀筍就是釀心

姑姑開啟了我的發酵之路，可以說她就是我的釀造學導師。

一直住在家鄉的她，婚後都以種竹賣筍維生。種了六十幾年的竹子，姑姑對筍的了解比對自己還深。她說年輕時，半夜經常要去巡筍園，途中總會經過一大片墓園，一片黝黑中行經闃寂無人煙的墓地，驚嚇指數不下於看恐怖片，不但曾踢到過白骨，還看過森森鬼火。姑姑說，剛開始很害怕，但年復一年，半夜的墓園變成日常，漸漸地便不再害怕。

說來一派輕鬆，我卻從姑姑的話語裡感受到早年生活的辛苦與沉重。

姑姑是個樂天派，生活中許許多多的艱困、不如意，每每聽她談起，卻是那麼雲淡風輕。每到竹筍盛產時節，她總是在摩托車後加掛板車，拖著幾百斤的竹筍，趕在破曉前到大市場販賣。那嬌小的身軀載著比她重一、二十倍的竹筍，在天未亮透的路上奔馳，光是想像就替她捏一把冷汗。

但她總是眼睛發亮、笑笑地訴說那些彷彿是昨天才發生的往事。看到我如此專注投入傳統釀造，她總是不能理解，有時甚至勸退：「學這項無效啦！真艱苦啦！」但我們一起工作時，她對食物的尊重和認真心態，卻又那麼真誠，深深打動我。

一般來說，農民總是習慣把最好的農產品送到市場上換錢。姑姑卻相反，堅持最漂亮的筍，一定要留下來自己吃，她做的釀造加工品也一律用最好的材料。或許，這正是她經歷那麼多艱難歲月，還能保有樂觀、天真性格的原因吧！這一點讓我看到了食物療癒人心的微光。

姑姑其實很任性，只願意做自己喜歡的釀造。

有一次我問她：「阿姑，妳會曉做酸筍某？」

她揮揮手回：「阿嘿無效啦！哇無愛吃，做一擺了後，丟無愛閣做啊！」

這個萬能的姑姑，常常給出讓我傻眼的答案。

不過，身為筍農的姑姑，對竹筍鮮度的執著，已經來到無以復加的程度。每年竹筍大出時節，她會觀察筍園的狀況，前一天先預約我的時間，說明天早上有五支鮮筍可以「打」給我（筍子是用打的，不是摘的），她大概清晨六、七點會把筍打起來，限我一個小時內去拿（命令式口氣）。

記得某一回有事耽擱，去拿筍時已經是下午了，姑姑的臉色鐵青，彷彿我犯了滔天大罪，劈里啪啦唸了一大串，數落我為什麼沒準時到。我一頭霧水，心想有這麼嚴重嗎？待她恢復理智後，才開始解釋：「筍子打起來後，每一秒都在變『瓜』（纖維化），妳看都過了幾個小時了，快不能吃了（還是在生氣）。」後來，我慢慢可以理解她的心情，在食物最美好的時刻享用它，才是對它最大的敬意與歌頌。

宜蘭最大宗的筍當數麻竹筍，產季是冬天過後的初春，一路生產到秋季，這段時間來到宜蘭都有鮮筍可吃。我曾經問過宜蘭長輩：「為什麼宜蘭人不種現代人愛吃的綠竹筍呢？又嫩又可以做涼筍，還可以賣個好價錢。」老人家擺擺手告訴我，綠竹筍產季短，麻竹筍產季很長，雖然纖維比較粗，但是長得也比較大哦！

「同樣一支筍，可以吃得比較飽喔！」套句現代人的話，就是性價比高啦！

再說，麻竹筍正當令的時候，口感跟水梨差不多，絕對不比綠竹筍差。加上麻竹筍個頭很大，吃不完還可以拿來加工，變成酸筍或是筍乾。姑姑說：「哩攏唔哉！酸筍炒肉絲擱炒一點辣椒有夠香啦！欸賽甲三碗公的飯捏！」意猶未盡，甚至當場教我怎麼做酸筍。

只見姑姑先把新鮮的筍殼一一剝去，切掉比較硬的部分，再切成絲或片狀。然後燒開一鍋滾水，將切好的筍絲（片）放入滾煮十分鐘，待筍絲熟透後撈起，放涼。另外再取一個乾淨的玻璃罐，把放涼的筍絲塞進罐子裡，加入一小匙鹽（不放也可以），再倒入乾淨的飲用水，充分淹過筍子。如此放在常溫下，大約四、五天酸筍就完成了。真是有夠簡單！

酸筍的味道聞起來有點像臭酸的筍子，偏偏炒起肉絲跟辣椒非常下飯，我以前怎麼一點都不知道呢？

姑姑不識字，跟著她學習，我不但學會各種釀造手藝，也學到很多人生哲學，在跟食物互動的過程中，我看見自己，也更懂得愛惜自己，在感謝天地萬物的同時，慢慢發現自己不僅僅是在做食物釀造，同時也在釀造自己的心靈啊！

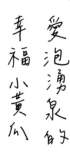

愛泡湧泉的幸福小黃瓜

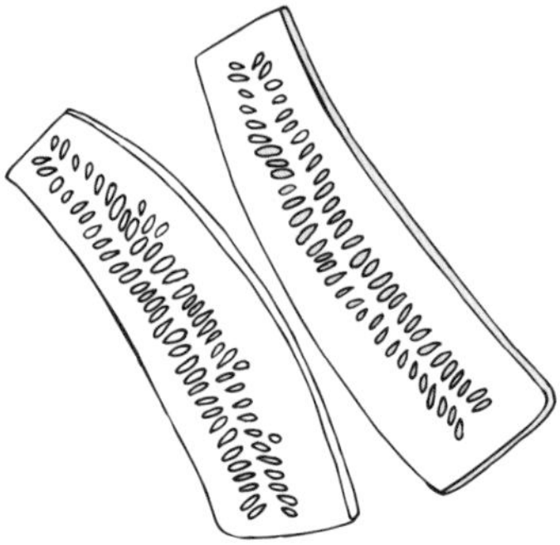

初回宜蘭這個陌生故鄉，每天發生的一切幾乎都是應接不暇的驚奇。在台北生活，完全感受不到作物的四季變化，回到農村之後，靠著田裡的農作物，就能區別春夏秋冬，四季嬗遞。

其中春天的小黃瓜，像是瓜果大軍的先頭部隊，只要看到小黃瓜出現，就知道距離大黃瓜、絲瓜、苦瓜、冬瓜盛產的夏季不太遠了。

生平第一次採收小黃瓜是在姑姑家的菜園裡，以為伸手摘的是表皮光滑的小黃瓜，卻被它的多刺給嚇到，不明就裡還以為抓到了仙人掌。經過菜園達人姑姑的解惑，才知道原來新鮮在欉的小黃瓜全身布滿小刺，經過採收、運送、包裝一路折騰之後，出現在菜攤上販賣的小黃瓜，身上小刺早已經被磨光了，一根都不剩。這番說明讓我這個都市土包子大開眼界，原來，小黃瓜並不是我以為的小黃瓜。

初遇醬油漬小黃瓜，則是在大湖底的姑姑家。當時姑姑端著一盤漬過的脆瓜要我嚐一嚐，外觀看來跟罐裝脆瓜並無不同，正想著這個姑姑太不懂待客之道，居然拿出罐頭脆瓜招待客人，她才淡淡地說，這是自家種的小黃瓜，也是自己加工做的醬菜。我的心裡一面狐疑一面品嚐，入口之後發現口感其脆無比，鹹淡恰到好處，吃完之後還有醬香回甘，齒頰留香，滋味太美妙了。

更有趣的是，玻璃瓶裝的脆瓜居然可以常溫保存，對於一般家庭手製加工品來說，這簡直就是保存的最高境界。迫不及待追問起做法，大湖底的姑姑露出驕傲笑容，詳細講述著步驟，我則一面吃著脆瓜，一面提筆疾書。姑姑說，脆瓜的做法大致分為鹽漬、退鹹、壓水、醬漬等幾個步驟。製作時，先把小黃瓜清洗乾淨、晾乾水分後切段，用鹽巴稍加搓揉醃漬，再把抹滿鹽巴的小黃瓜裝到網袋中，用一個小盆裝起來，上面用石頭重壓，讓小黃瓜自然出水。這期間差不多要壓兩個星期，千萬不可以讓小黃瓜浮出水面。

根據我的經驗，這麼長的時間已經超過醃漬範疇，應該進入發酵階段了吧！心裡直覺認為，這應當是姑姑做的小黃瓜，味道豐富又有層次的秘訣吧！不止如此，當她提到鹽漬過兩星期的小黃瓜，還需要再浸泡在湧泉水中一整晚時，我的眼睛馬上一亮，立刻央求她帶我到屋後的湧泉池看看。

來到後院，湧泉池裡果然飄浮著一袋泡著泉水，等待退鹹的小黃瓜們。宜蘭的湧泉來自雪山山脈，不僅水質清澈見底，水溫更是

長年都處於攝氏十九度上下，夏日時分池水格外清涼，冬天則會有溫暖的感覺。在炎炎夏日，平均攝氏三十幾度的高溫天候下，可以在湧泉水裡泡一個晚上，這或許是生長在宜蘭的小黃瓜才有的幸福特權吧！相信這也是脆瓜爽脆鮮美的撇步。

久居都市的人恐怕難以想像，鄉下蔬果大出時節，農家頭疼不已的窘況，吃不完的蔬果分送給鄰居、朋友、小孩學校的老師，連醫生都多禮地送到了，還是送不完。送到最後，有時在家聽到敲門聲，看到又有親朋好友上門分享大出蔬果時，竟會怕到不敢應門的地步。

看到這群聰明的農村媽媽，善用在地好山好水，創作出這麼美味的湧泉小黃瓜，讓人一口吃下宜蘭的風土滋味，內心如泉水般湧上一股幸福感，不禁開始期待來年春天小黃瓜的競相報到。

沉睡玻璃缸裡的酸豆美人

有一次，寒溪不老部落的好友莎亞突然來電說自己剛好要下山，想送一缸自製的驚喜給我。我本就對莎亞的天生好手藝充滿期待，現在她說要親自送上門，對我來說，簡直就是一個天大的驚喜包。

莎亞是原生於宜蘭大同鄉的原住民，在老公退休那一年，舉家搬回寒溪部落，開始過起現代原住民的自然農耕與採集生活，並將宜蘭美麗的山水能量，分享給住在都市的人。這回，她一進門，就看到她胸前抱著一個又綠又紅、煞是好看的玻璃缸，像自然天成的工藝品。在那圓形透明的玻璃缸裡，繞著一圈又一圈的綠色線條，其間浮著幾抹鮮紅顏色點綴。我不禁好奇地提問：「這是……？」，「酸豆啊！」莎亞微笑答覆。

酸豆，一般人俗稱酸豆角或酸豇豆，用長豆（又名豇豆）做成。長豆是我們家的夏季常見時蔬，盛產時，常清炒來吃，不外乎炒蒜頭加點鹽巴或是一點糖，炒一大盤上桌，全家人搶光光。酸豆可以視為它的變身版，利用自然乳酸菌發酵，賦予豆子另一重酸鮮滋味，變成另一種不同風味的菜餚，這是屬於中國南方特有的發酵食物技法。

在夏季長豆產期，產量驚人，深諳餐桌經濟學的煮婦們，開始研究怎麼樣把它們保存起來，可以吃得更久，或更有效地消化它們，這是酸豆角的發明緣起。酸豆切末炒蒜頭、辣椒或肉末，在熱到快得厭食症的炎夏季節，開胃效果奇佳，可以扒三碗白飯來配。加上天然的乳酸菌有助整胃健胃，真是一道很棒的夏季料理。

莎亞告訴我，做酸豆要挑選比較嫩的長豆，最好尚未有豆仁，屬於幼年期的豆子，不是一般我們常吃有豆仁的長豆。酸豆有很多種作法，最主要都是讓它泡在洗米水，或很淡的鹽水裡，進行乳酸菌發酵。製作時，長豆洗好之後先讓它風乾，然後放進要醃漬的玻璃罐內，有些人會放花椒、蒜頭、辣椒，再灌進鹽水，約百分之二到三比例的鹽水，或是放洗米水、清水也都可以，關鍵是要讓長豆跟辛香料都潛入水中，不要浮出水面。如此讓長豆在攝氏十八到二十五度之間，安靜發酵三至四天，此時可以拿出來試吃看看，是否已發酵到適合的酸度，通常越久越酸。發酵後的長豆顏色不再青綠，口感也變軟，不再那麼清脆，喜歡什麼樣的口感和酸度，可以自行斟酌。

我很喜歡莎亞全家在山上的生活，每次收到她的驚喜包，無論是充滿野性呼喚的椴木香菇，還是宛如天然畫作的酸豆玻璃缸，都

帶著山上部落生活的自然氣息，烹煮之後，彷彿我也感同身受那股來自大地的生命力。莎亞知道我愛酒，偶爾也會與我分享自釀的小米酒，實在溫順好喝，莎亞的兒子寡利後來創立了「原根職校」，開始培育年輕的釀酒師。

過去，我曾上山與莎亞一家共度許多歡樂時光。他們一家人在山上種小米，過程其實很辛苦，因為生態自然，長出來的作物常被山豬吃光光。即使山上營生不易，天候多變，陰雨天多到不可勝數，加上交通不便利，阻絕很多不速之客到訪，但可以坐在地爐邊烤火，日日被天光綠意蟲鳴鳥叫包圍，生活變得簡單而且幸福。

有次問起寡利：「你媽媽很厲害耶，會做這麼多發酵加工食品，然後都好好吃！」寡利笑答：「是啊！做壞掉的更多，都倒到堆肥區了，吃到的都是成功的！」聽後，我笑到眼淚都流出來了。我想，以前人醃製發酵食品時，是不是也一樣呢？失敗很多次，倒掉很多次，很多拿去當肥料，最後成功留下來的，便成為傳頌後世的智慧。

莎亞製作的每一種食物，連我這個蘭陽平原上的資深居民都被療癒了。如果我能晚出生四十年，真希望可以生在他們的部落，過著愜意地做發酵食物，好好過生活的日子。淺嚐了酸豆獨特的滋味，我仔細端詳缸中賞心悅目的配色，盤在玻璃缸裡的長豆，像極了披散著一肩長髮沉睡的美人。我轉緊瓶蓋怕打擾她的好夢，順口問起莎亞為什麼想到做酸豆？天真又熱情的她說：「種了長豆，多到吃不完吶！」

其實令人感動的滋味，從來都是連結人與土地的情感，不是花俏的烹調方法和調味。只要透過食物可以真切感受到土地的生命力，與來自人的魅力，有時候毋需多言，不用多餘詮釋，敞開心閱讀就能心領神會，一切就是這麼簡簡單單又有力量。

瓠乾千千結

我不是愛喝湯的人，但記憶裡一直有一道湯，跟童年、家鄉綑綁在一起。

從小，家裡都會煮一道酸菜結湯，我們家的人喚它「結結仔湯」。事實上，我相信很多宜蘭人的記憶裡，都有這麼一道湯品。作法是用日曬收乾水分的瓠乾，把切成條狀的酸菜、紅蘿蔔、豬肉綑綁起來，成為一個個小柴把，再放到高湯中煮熟，煮出的湯，味道清鮮又甘醇，是家中老小都喜愛的料理。

長大後發現，這是大人騙小孩吃下多種蔬菜的魔術料理，深深覺得，當初能想到把這些食材結合在一起的人，真的很有創意呢！

宜蘭的夏天，瓜類大出。絲瓜大概可以貫穿一整個夏季，還有小黃瓜、大黃瓜、冬瓜、苦瓜、瓠瓜……可以說，整個夏季就這樣瓜瓜瓜一路到底。在鄉下，不管有地沒有地，只要有土壤的地方，隨意插上一株瓠瓜苗，即使放任不管，都可以長出一大片綠藤來。有時長在路邊，還不時要把它四處蔓延的藤蔓收攏回來，盡量不讓它跑到路中央，以免妨礙行車安全。

很會長的瓠瓜，形如葫蘆，是葫蘆科葫蘆屬的爬藤植物，它的別名很多，扁蒲、蒲瓜、瓠子、長瓜、瓢簞、瓠瓜、蒲仔，說的其實都是同一樣瓜。它很容易生長，即使沒有施肥都有豐收可能。鄉下常見人拿著自家種的瓠瓜送給朋友，回家時捧在手上的常是對方回贈的絲瓜或冬瓜。坦白說，夏季在鄉下要吃成菜瓜臉或瓠瓜臉是一件非常容易的事情。

曾經有朋友從台北來玩的時候，看見我們在路邊種的瓠瓜結實纍纍，叮嚀我們要好好把瓜藏進葉子裡，不要讓別人偷拔走了。這番忠告讓我哈哈大笑，告訴他在鄉間夏季盛產的瓠瓜，多到人見人怕，如鬼見愁，哪裡會有人偷採回家呢！有時想送人，還要先問問看會不會造成收禮者的困擾。

因為一株藤上可以輕鬆結出很多瓠瓜，但一顆瓠瓜摘回家，卻可以吃上好幾天。如何多方利用，快快消化多產的瓜，就成為種植者的重要課題。這時候，我想起童年常吃的「結結仔湯」，那一條條把紅蘿蔔、酸菜和豬肉繫在一起的「束腰帶」，不就是曬乾的瓠瓜嗎？

說來也巧，要製作瓠乾，正好需要借用瓠瓜大出時的夏季艷陽。製作前，先把瓠瓜切成圓形輪狀，削去外層硬皮，接下來就是展現刀工的時候了，要用刮皮刀慢慢地一圈又一圈把瓠瓜削成條狀，盡量不要斷掉，一直削到接近白囊的部分就要停止。接著，把削成一條一條的瓠瓜掛到竹竿上，大太陽下曬個一整天就差不多乾了，整個過程很像變魔術。

一整顆瓠瓜削成條狀經日曬之後，體積跟重量大概縮小十分之一以上，這是保存瓠瓜最簡單的方式，利用免費的太陽光能，不僅烘乾水分利於保存，又可以濃縮瓜中的自然風味。其實光是看著一顆飽滿的葫蘆瓜，從一大顆變成一小撮瓠乾，過程本身就很療癒。

在鄉村生活，每一個季節都有許多好玩的事，夏季盛產的絲瓜，也是一項多產到令人頭痛的瓜果。但它不像瓠瓜可以曬成乾，也沒辦法像冬瓜一樣，透過醃漬做成醬冬瓜。幸好，絲瓜有另外一種發展可能，就是做成菜瓜布；事實上，初始的菜瓜布正是用絲瓜做成的。

吃絲瓜一定要趁瓜幼肉嫩時就摘下食用，一旦過熟，只能留著當成洗碗用的菜瓜布。自己栽種之後，發現棚架下的絲瓜，很容易一不小心就種過頭，最後只能把一身粗纖維的絲瓜，拿到河邊洗成菜瓜布。

要留做菜瓜布用的絲瓜，外殼通常非常硬。摘下老絲瓜後，我會拿到河邊把外殼先剝下來，再把整條絲瓜絡拿到河水裡搓一搓，先把裡面的絲瓜籽敲出來，若還有滑滑的感覺，再拿進河水裡搓揉。反覆幾次下來，手裡的絲瓜絡不再有滑膩感，菜瓜布也就完成大半了。這時候再把它吊在屋簷下晾乾，乾透了，就變成天然菜瓜布了。

瓠瓜也一樣，吃膩了，也懶得再曬瓠乾時，可以讓它放到熟硬，硬到用手敲會有扣扣扣的聲音，把它剖成兩半，就變成天然水瓢。還有每年家中稻田收割之後，田裡剩下的稻草稈，在田間曬一天後，變成乾稻草，撿起來放在大米袋裡，秋天之後，開始種下小菜苗，它們是很重要的菜畦鋪面，可以防止突如其來的大雨把菜苗打壞。

這些有趣的古早生活智慧，在村子裡還有很多很多。自己住在鄉下這些年，不止發酵、釀造功力大增，還變成不折不扣的生活智慧王。對食物總是充滿好奇的我，覺得鄉村真是一個最大的遊樂園，山之巔、海之涯、田野、河川……到處都找得到好玩又有趣的事，誰說宜蘭好山、好水、好無聊呢！

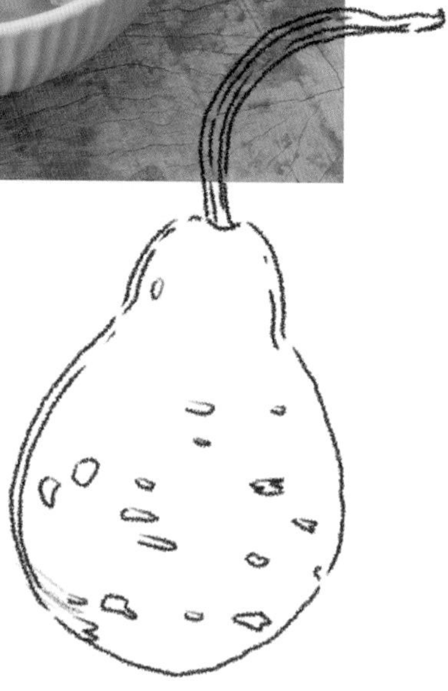

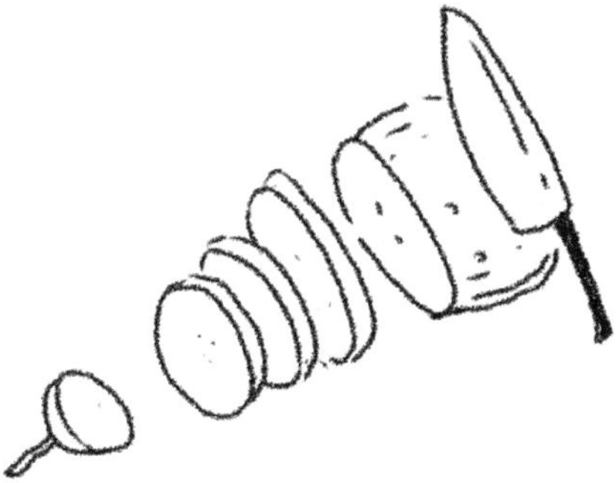

曬瓠乾

材料 瓠瓜

準備工具 削刀、竹竿、夾鏈袋

作法

1. 將瓠瓜前後各切掉一些，再把剩下的瓜切成圓形的片狀。
2. 把瓜肉外的硬皮先削掉，再小心地用刮皮刀，一圈一圈把瓜肉削成條狀，盡量不要斷掉，削到接近白囊的地方就停止。
3. 把削好的瓠瓜條掛在竹竿上，置於大太陽下曝曬一天。
4. 把曬好的瓠乾收成一束一束，放進夾鏈袋，冷凍保存。

解暑奇兵
葛鬱金太白粉

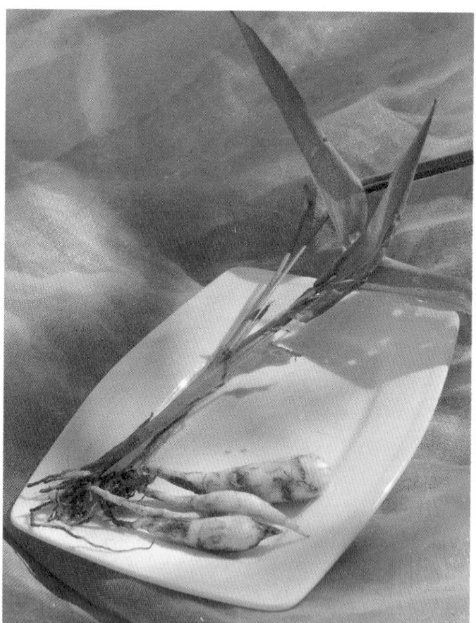

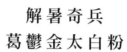

幾年前，家裡的院子裡，種了一種叫做粉薯的植物。剛開始收成時，我把它蒸熟，直接沾醬油食用，那種單純樸實的滋味非常美好。

沒想到粉薯很會長，幾年下來越長越多，多到吃不完，而且不必翻土再種，根莖埋在土裡，就會一直長一直長，彷彿種過一次，一輩子不用再種就能自然收成。當下覺得它是一種非常適合台灣風土的作物。好奇上網查了一下它的身世，更有相見恨晚的感覺。

粉薯有一個唸起來很美的正式名稱，叫葛鬱金。是多年生竹芋科竹竽屬植物，粉薯只是它的別名，此外，也有人叫它太白薯、藕仔薯或金筍。日治時代，主要功能是拿來做太白粉勾芡用。人類食用葛鬱金的歷史紀錄，最早可以追溯到一萬年前的南美洲原始部落，根據考證亞馬遜雨林可能是它的原鄉。

閱讀過葛鬱金的背景資料後，一開始我不太明白，這種長相類似薑料植物的根莖類蔬菜，是怎麼變成粉末狀的太白粉呢？後來，有機會在菜瓜嬸婆的家裡，看到葛鬱金變身太白粉的神奇過程，這才茅塞頓開。

那一次，嬸婆特地叫我過去看她處理葛鬱金，她知道我這個好奇寶寶，一定非常有興趣。只見她先把葛鬱金從土裡挖出來，洗淨晾乾後，加水用果汁機打成泥。嬸婆邊做邊告訴我說：「以前沒有果汁機的年代，要用手磨，一直磨一直磨，把它磨成泥，然後再加到水裡，把裡面的澱粉再搓洗出來。」比較講究一點的作法，會先用布過濾一次，然後靜置半天，讓澱粉跟水分離，澱粉會沉澱在底下，先把浮在上層的水倒掉，再把下層的澱粉放在竹篩子上曬乾。嬸婆叮嚀：「要曬得很乾很乾。」乾到什麼程度呢？嬸婆說：「最好結成硬塊。」然後，再把這塊乾硬的澱粉塊搗成粉，就變成名副其實的太白粉了。

看著粉薯搖身變成的太白粉，也喚起小時候的記憶。記得常有一種賣麵茶和太白粉的甜點車，車上有一壺水煮著嗚嗚嗚的叫。太白粉的沖泡方式蠻特別的，先把碗裡的太白粉加冷水先拌開，然後用長嘴鐵壺裡燒得滾燙的水快速地注入碗中，迅速攪拌，太白粉就神奇的凝結成塊，再加進黑糖水，就變成一碗ＱＱ的太白粉甜點。

這種古早太白粉，在中醫學理中是有療效的。根據中草藥記載，葛鬱金性涼味甘、解暑利尿、清熱宣肺。曾聽人說太白粉可治中暑，是其來有自啊！只可惜現代商業用太白粉，都用便宜的樹薯取代，也因此，現代商品化的太白粉，已經全然失去清熱解暑的功效了。

回鄉這些年，跟著婿婆重新溫習古早人的生活智慧，才恍然發現，長輩們的生活原來這麼有學問、有品味。他們雖然不像現代人擁有那麼多資訊來源，

也不是每個人都飽讀詩書，但是他們從做中學，自生活裡提煉出人生智慧，而且不嫌煩不怕累，願意把時間花在生活的細節上，就拿眼前的葛鬱金太白粉來說，它不但是廚娘的烹飪利器，還被聰明的煮婦們，利用來開發出各色繽紛甜點。這時候，不得不讚嘆古人對生活的講究。說到底，他們才是把現代人經常掛嘴邊「時間就應該浪費在美好的事物上」，扎扎實實落實到生活中的人呢！

現代人的物質生活非常豐沛，飲食不虞匱乏，但看似豐饒中卻有點走味，失去了生活的本來面貌，總有少了些什麼的感覺。那種無來由的空虛感、無以名狀的焦慮，或許只是來自於沒有好好照顧自己的每一餐飯。現代人吃東西重表相，看起來華麗花俏的餐食，實質內容如何就不得而知了，葛鬱金太白粉就是最好的例子。餵養我們的每一餐每一飯，每一飲每一啄，到底我們都吃進了些什麼？真的很值得好好再去看一看、想一想。到底所謂的生活品質是什麼？美好的生活又該是什麼面貌呢？

都說食物療癒人心，料理不一定非要有過人手藝，只要願意好好為自己煎一顆蛋、泡一杯咖啡，為身體好好貢獻一點時間，我想，這就是回到人的初心。人生在世，不是為了什麼遠大又遙不可及的目標跟理想，好好地照顧自己的身體跟心靈，把最好的養分留給自己，只要學會珍愛自己，自然就會懂得愛護別人。這或許就是我們可以為地球、為世界做的最美好的事了吧！

解暑的太白粉甜點

材料 葛鬱金粉20g、冷開水300ml

作法

1．先將20g葛鬱金粉用300ml的冷開水調開至完全溶解。

2．再把1放在瓦斯爐上用小火一面拌一面煮，煮至變成透明就完成了。

3．食用時再加上黑糖粉。

黃金菜脯

材料

帶皮蘿蔔、粗鹽、白糖（比例：100 斤：9 斤：4 斤）

準備工具

豆漿瓶、網袋、棉布袋、重物（石頭）、盆子

作法

1. 帶皮蘿蔔洗淨瀝乾水分，切成長條狀。
2. 用粗鹽搓揉後，裝進網袋，用石頭壓住網袋，讓蘿蔔出水，壓製時注意不要讓蘿蔔露出水面，如此壓置 3 天。
3. 將壓出來的水倒掉，把蘿蔔裝入棉布袋中，再用石頭把水分壓乾，期間要鬆開棉布袋，把蘿蔔塊重整一下，再轉緊繼續壓乾。
4. 一天之後取出蘿蔔，放在一個乾淨的盆子裡，倒入白糖攪拌。
5. 砂糖和蘿蔔乾拌勻後還會出水，讓蘿蔔乾泡在糖水裡兩個晚上，偶爾攪拌一下，讓蘿蔔乾把糖水再吸回去。然後就可以裝罐。
6. 準備好乾淨的豆漿瓶，用竹棍將塞進玻璃瓶中的蘿蔔乾盡量壓緊，蘿蔔與蘿蔔之間不要有空隙，一整瓶裝完後蓋上蓋子就完成了。
7. 常溫下大約 4 週之後，蘿蔔乾開始變為金黃色就可以食用。

TIPS 用過的豆漿瓶要先用刷子將瓶子內部及瓶蓋刷乾淨，再用沸水煮約 3 分鐘後夾起倒扣在網子上放涼瀝乾，最後可以用乾淨的毛巾把瓶子擦乾，就可以用了

酸高麗菜

材料

高麗菜整顆約 1kg、鹽 20g（菜：鹽 = 50：1）

工具準備

乾淨的陶甕或玻璃缸、石頭一類的重物

作法

將整顆高麗菜切成 4 等分，或將菜葉子全部剝開，平鋪在乾淨的地上，有太陽時可以曬一天陽光，沒有太陽也沒關係，可以風乾一天，稍微收乾一下水分。

2. 將收了水分的高麗菜，加入海鹽稍微搓揉後，放進乾淨的容器內。
3. 用重物壓在高麗菜上，注意要均勻受壓，並倒進一般生水，到高麗菜一半的高度。
4. 高麗菜會出水，觀察菜葉不要浮出水面，放室溫約一週就可以完成了，試吃若達到喜歡的酸度，就可以把高麗菜擰乾，放到冰箱保存。

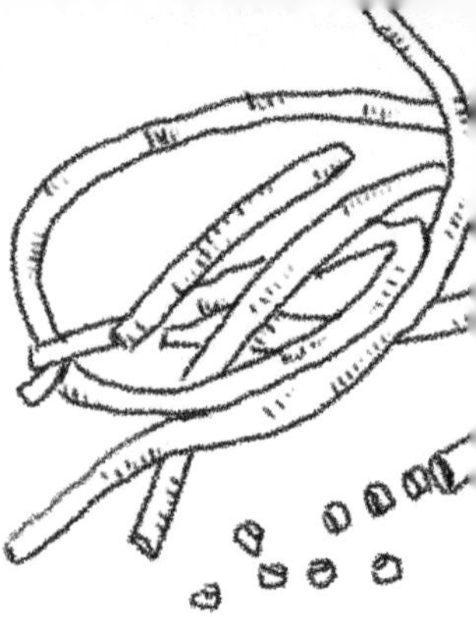

醃酸豆

材料

長豆 600g、乾淨的飲用水（也可以放入約水的 2% 的鹽）、花椒、蒜頭、辣椒（適量）

準備工具

乾淨的玻璃缸

作法

先挑選較嫩的長豆，盡量不要用太老的豆子（就是裡面豆仁太大的長豆），口感會比較好。

2. 豆子稍微清洗一下，並晾乾水分。
3. 準備一個乾淨的玻璃瓶，把長豆捲曲放入瓶中。
4. 倒入乾淨的飲用水，再放入花椒、蒜頭、辣椒。（也可以放入約水的 2% 的鹽調味）
5. 水要淹過長豆，不要讓豆子浮出水面，在陰涼處放置 3～4 天，豆子開始變酸，到自己喜歡的酸度就可以把它冰起來囉！

TIPS

・長豆最好選沒有豆仁的嫩長豆。
・如不喜歡辛香味，也可以省略花椒、蒜頭和辣椒等辛香料。

結結湯

材料

瓠瓜乾一小把、豬肉 300g、酸菜 200g、紅蘿蔔一小條、高湯 1000ml

作法

1. 先把豬肉、酸菜、紅蘿蔔切成條狀。
2. 把作法 1 的 3 種配料各取一個，用瓠乾繞 2 圈再打結。
3. 將預先準備好的高湯煮沸後加入打結的湯料 2，用中火煮約 15 分鐘，即可關火，最後再用鹽巴調味就可以了。

醃酸筍

材料

麻竹筍 1kg、鹽 3g

準備工具

乾淨的玻璃罐

作法

1. 先將新鮮的筍殼一一剝去，切掉較硬的部分，再切成絲（或片）狀。
2. 燒開一鍋滾水，將切好的筍絲放入約煮滾 10 分鐘，待筍絲熟透後撈起，並放涼。
3. 取一個乾淨的玻璃罐，把放涼的筍絲放進罐子裡，放入一小匙的鹽（不放也可以），再倒入乾淨的飲用水，充分淹過筍絲。
4. 放在常溫下大約 4 ～ 5 天酸筍就完成囉！

湧泉小黃瓜

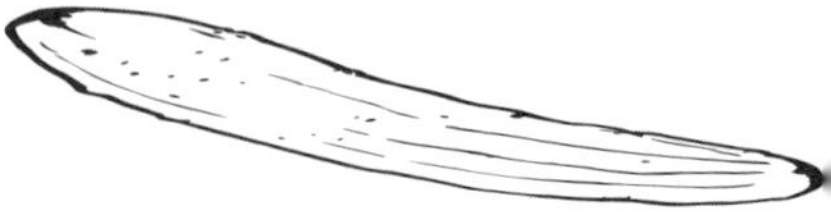

材料

小黃瓜 1kg、鹽 150g、酒 150ml、糖 150g、醬油 400ml

準備工具

乾淨的玻璃瓶罐、網袋、石頭

作法

1. 先將小黃瓜洗淨，在陰涼處晾乾水分，之後切成小段，拌入鹽（鹽的重量約為小黃瓜重量的 15%）。
2. 準備一個容器，將裝入小黃瓜的網袋放進去，並在上面用石頭重壓，讓小黃瓜出水，出水後切勿讓小黃瓜浮出水面。
3. 將泡了兩週的小黃瓜撈起，整袋放到流動湧泉水中浸泡一個晚上。
4. 隔天早上將小黃瓜取出，再用石頭重壓把水分壓乾。
5. 製作醬料：將酒、糖、醬油煮成醬汁，煮沸後放涼，再加入壓乾的小黃瓜，再煮滾後立刻關火，放涼後即可放冰箱保存。

TIPS 若要常溫保存，在裝玻璃瓶罐後，隔水加熱 12 分鐘即可。

CHAPTER
2

水果

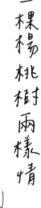

一棵楊桃樹兩樣情

有一天，我和阿姨一起路過嬸婆家的楊桃樹下，這位看著我長大的阿姨突然提起她的童年。她說，在那個沒有錢買零食的年代，光是有棵楊桃樹就能成為孩子們嘴饞時的最佳良伴，我們就用鹽巴把楊桃醃一下，再用線串起來曬一天，就變成超級美味的零嘴了。

我聽了，口水彷彿延著下巴要流到褲管裡了，那股甜酸鹹酸的滋味立刻湧上舌尖。抬頭一看，樹上滿滿的楊桃，根本就是為果乾而生的天降神兵，我又怎麼能錯失良機呢！立即回家拿網子和籃子，想趁著楊桃大出的時候準備大撈一桶。但沒想到辛苦摘下的一整桶果子中，居然沒有一顆是完整的，讓人頓時覺得很挫

敗，也不免有點遺憾，想要復刻阿姨小時候的楊桃乾，這回恐怕有點困難了。

其實嬸婆家的楊桃樹每年會結果好幾次，雖沒有細數，卻時常看到地上有許多落果，但她倒不常吃，不是不愛，是不能。打從東方果實蠅在台灣氾濫之後，嬸婆就不吃自己種的楊桃了。東方果實蠅是果樹產業中殺傷力最強的害蟲，既無法根絕也沒有辦法除盡，被牠叮過的水果都會從內部腐爛，掉在地上後，便長出更多的果實蠅。

嬸婆一邊碎唸，一邊掃著滿地爛果抱怨：「吼！生雞卵無，放雞屎一大堆！（只有壞事，沒有好事）」就像是希臘神話裡，被眾神懲罰的薛西佛斯推石頭一樣，嬸婆每天得重複掃著門前滿地的爛楊桃，心中一定也有許多無奈吧！本來想會有整顆完好的楊桃可以直接切來曬成蜜餞，後來只好放棄。雖然那些被果蠅叮得亂七八糟的黃熟楊桃果子，去頭去尾切除爛的部分，還是可以做成阿姨小時候的輕漬蜜餞零嘴，但是多了很多不必要的功夫。

看著那些留在樹上，尚且完好但青澀的綠楊桃，我突然想起，有人說水果成熟前的階段含有最多酵素，如果搶在果實蠅入侵時前摘下綠楊桃，不僅可以做成近年流行的養生酵素，還能幫婿婆減少一些清除爛果的工作量，真是兩全其美的計劃，我簡直開始佩服起自己來了。

我把摘下的青楊桃洗淨擦乾之後先切片，準備一個乾淨的玻璃瓶，然後先鋪上一層楊桃片再鋪一層冰糖方式，把瓶子裝到七、八分滿，最好是沒有漂白的冰糖，先放個幾天讓它出水，之後再開始攪拌。剛開始會有一點起泡跟發酵的感覺，接著會有非常多的氣泡產生，很明顯看得出激烈的發酵反應。攪拌的工具洗淨後一定要擦乾不能有水氣。玻璃瓶口上可以先放一塊乾淨的布，然後再放上蓋子。

直到瓶內不再冒泡到達一個平衡點，大約是一個月左右，當然期間不要忘了要不時攪拌一下。這個平衡點就是發現它已經不再有激烈的反應也不再冒泡，就表示發酵反應趨於穩定，再放個三至六個月把發酵液過濾後就變成楊桃酵素。加水稀釋後就成了天然又好喝的飲料，當然加上氣泡水就成了沒有化學添加物的楊桃汽水。

這樣的酵素飲品養生與否雖說是見仁見智，也有人說這只不過是一種加了糖的水果飲料，不過，我覺得利用天生天養的果實，加上一點糖和一點時間，就可以醞釀出這麼美好的汁液，光是食材單純口感美味，就算沒有養生的功效比起手搖飲也是相對健康的飲品呢。

柚子變臉遊戲

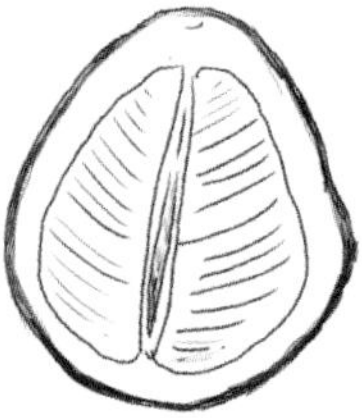

很多人不知道，宜蘭產柚子，只是這裡的柚子運氣不太好，天時地利條件都不具足。宜蘭柚成熟的時候，已經過了中秋。晚熟的柚子，好像過期商品，一顆十元、五元地在街頭叫賣著，明明滋味還不錯，就是沒人買單。看著滿街賤賣的柚子，心裡著實有些難過。

很多年前，宜蘭一度風行種柚，果農種下樹苗，等了好幾年開始結果，才發現這裡的柚子樹雖然長得頭好壯壯，卻因為氣候多雨，不僅長得慢，結出來的果實也沒有飽滿風味，導致銷量不佳。很多果農因此開始伐柚，改種其他流行果樹。我認識的宜蘭小農裡，有一位家裡剛好有一片祖傳的柚子園，他就經歷過柚子滯銷的慘況，當時許多朋友建議他不妨轉型變成觀光果園，或從事DIY教學，以便創造更多業外收入。他聽了大家七嘴八舌的建議之後，大方邀請：「柚子成熟的時候，歡迎大家到果園來，愛採多少就採多少。」他說，因為柚子難銷，請人來採摘的工錢都不夠，索性邀大家呼朋引伴一起採柚子。

有一回，我揪了孩子的同學跟媽媽們，一起去柚子園郊遊兼採果。行前，一位手藝好的媽媽特別教大家怎麼處理柚子皮。初聞這個提議，心裡難免生起狐疑：柚子皮不就應該當作垃圾丟掉，完全不能吃吧？這位媽媽當下讀出了大家的疑惑，特地開一班廚藝特訓班，教大家製做「翻砂柚子皮」這道甜點。

課堂上，只見她俐落脫去柚皮，請大家先把甜美多汁的柚肉吃下肚，然後把柚皮的白囊部分盡量切除，再把青綠柚皮切成條狀，放進滾水中煮六、七分鐘，撈起後放進冷水中浸泡。待柚皮稍涼後，用手稍微搓洗一下，換水再泡，如此重複兩三次，最後放在水中浸泡一個晚上。

第二天，把柚皮從水中取出，擰乾。在鍋中放入水及等量白砂糖及柚皮，開中小火慢慢翻煮，等糖水變得黏稠，就要更加勤勞地攪動，直到柚皮邊緣開始出現白色結晶狀的糖霜，即可關火，但要記得繼續攪拌，直到整鍋柚皮都呈現白色砂糖狀才大功告成。

翻砂柚子皮的口感像比較硬的糖果，咀嚼後唇齒間泛起濃濃柚香，伴隨著甜滋滋的糖霜。大家品嚐後都覺得很神奇，本來是要丟掉的果皮，經過巧手竟能變成如此美味，對於那些沒有使用農藥的友善耕作水果來說，翻砂柚子皮無疑是最好的廢物利用。

話題回到那位擁有祖傳柚子園的小農，他也是一位深諳窮則變，變則通的行銷好手，不久後他開始養蜂，讓蜜蜂在柚子花開的時候採蜜，製成特有的柚花蜂蜜，現在已經成為農場裡的當紅商品呢！

在宜蘭，其他小農產品裡也經常可以看到柚花紅茶、柚子果醋等產品，都是在中秋節吃柚子之外的一些開創性新思維。誰說吃柚子只能品嚐果肉呢？要不是宜蘭柚滯銷，任誰也不會去開發出這麼多新的可能。宜蘭的柚子怎麼樣也沒有辦法跟台南麻豆文旦相提並論，但轉個彎變個臉，反而型塑出另一種獨特的魅力。

類似例子在宜蘭比比皆是。乍看是一個缺點，但經過巧思變通，缺點反而變成特點，宜蘭名菜西滷肉就是最好的例子。把一些剩菜全部加在一起燉煮，最後畫龍點睛放進炸蛋酥，就變成流傳至今的宜蘭名菜。另一道糕渣，也是利用不要的雞骨架剩料，經過不斷熬煮取出精華，最後裹粉再炸，成為外冷內熱的糕渣，吃了吮指回味。

所謂山不轉路轉，路不轉我轉，宜蘭人的韌性可能就由此而來吧！

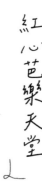

紅心芭樂天堂

在鄉間和都市生活，除了日常節奏的快慢，感受到最大的不同是人情味。

我在農村東奔西跑期間，只要看到任何好玩的事情，隨時可以把頭伸進別人家的庭院張望，或一腳踏進去問東問西。大部分農家不但不見怪，還會送上和善熱情的款待，有時候甚至帶回大包小包禮物。這是我在都市生活時，完全沒有過的經驗。

前一陣子，一個烈日當空的正午，開車經過宜蘭著名水果產地枕山。車行之間，餘光瞄到一團粉紅顏色從旁飛過，勾起我的好奇心。趕忙找了一個可以迴轉的地方，再開回去看個仔細，沒想到就此被眼前美麗的畫面吸引住。

我站在大門前東張西望，看到院內屋前坐著一個阿婆，身邊被一山又一山的芭樂團團圍住，低著頭正在切芭樂片呢！

我立刻蹲下身來，問道：「阿婆妳在做什麼呢？外面曬的那一堆東西又是什麼？」

阿婆說：「啊，今年紅心拔辣大出啦！切切咧來曝乾，啊唔勁無彩吶！攏爛了了！」

我知道宜蘭的紅心芭樂出名，可從沒看過，也不知道它們可以曬成紅心芭樂乾。從一下車我看到的美麗景色，一個個粉紅外皮圈著綠色芭樂心的可愛模樣，到靠近時聞到又甜又香的芭樂味，再看到阿婆細心處理芭樂的景象，無一不讓人感動莫名，可以說五官五感都被充分滋養了。

宜蘭是紅心芭樂的最大產地，因為有雪山山脈清澈的水質，加上土壤跟氣候條件相宜，產出的紅心芭樂特別香甜。有多香呢？我的經驗是，家裡只要放上一顆，一進門芭樂香就會撲鼻而來，簡直可以說是滿室生香。因為它獨有的香甜滋味，做成果醬也非常討喜，加上美麗的粉紅顏色，在果醬界堪稱皇后級別的存在呢！

紅心芭樂果醬除了單吃，還可以用來做蛋糕、冰淇淋等甜點。在製做果醬的過程中，唯一要克服的是芭樂籽的問題，除了把果肉打成泥，還要細心把打碎的籽籽濾出來，著實考驗製作者的耐心，撇開這個缺點，紅心芭樂果醬真的可以稱得上是台灣特色果醬代表。

阿婆自家種了許多紅心芭樂，我立刻向她採購，打算回家現學現賣。我想日曬紅心芭樂乾，應該是芭樂加工製品中最簡單的選項

了吧！只要把外皮清洗乾淨，掐頭去尾，一一切片，再將芭樂片鋪平在竹篩上，置於烈日下曝曬個三、四天就可以完成。最後，再用烤箱低溫烘烤一下，秋涼的季節裡，就有一壺無咖啡因的美味芭樂茶可以飲用。

想想這棵紅心芭樂，在炎夏時節結果，產量多到可以曬成果乾，讓太陽濃縮它的一身香氣，保留住這一季的美好收成，變成好喝的飲品，不但討好了味蕾，據說還有降血脂的療效呢！

常聽外國朋友說，看到台灣水果的豐富跟多樣性，讓他們想要因此移民來台居住。初聽沒有特別感覺，直到移居宜蘭，重新在農村生活，經常接收到來自土地和大自然禮物的迎面衝擊，這些來自心靈的撼動，很難僅用感動二字形容，只能說台灣得天獨厚，是上天的寵兒。

至於生活在這塊土地上的我們，能用什麼來做為回報呢？我不是很清楚，至今也沒有完全想明白。面對這些豐盛的厚禮，或許我們就該好好接受，好好利用，好好享受，讓這份禮物進入身體滋養我們，再讓這份來自大地的愛，透過我們產生更多流動，我想，這應該就是最好的感謝吧！

絕世好配，桑椹與土芭樂

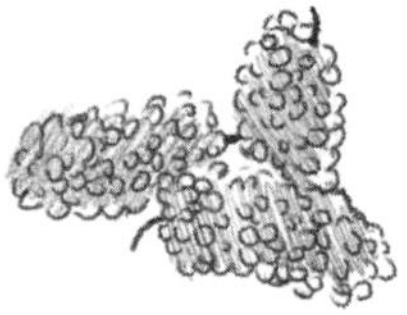

記得有回去歐洲旅行，在超市貨架上看到滿坑滿谷的莓果，有大有小、萬紫千紅的莓果，我便全部買一輪，回到住處大快朵頤。

你問我好不好吃？我只能實話實說：「真不怎麼樣。」

嚴格來說也不是不好吃，只是身處北緯四十五度溫帶國家的奧地利，夏季出產的水果，千篇一律幾乎都是莓果。這些莓果吃來不是甜，就是酸，酸甜之間完全沒有層次，除了舌尖味蕾的甜酸感受不同外，說不上有什麼特別風味。

對從小生活在亞熱帶國家的人來說，對於水果早有千滋百味的既定印象，因此才會覺得溫帶水果個性溫吞缺乏特色。

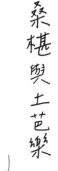

但是記憶中對果醬的初始印象，卻正來自歐洲的莓果果醬，初嚐時覺得非常優雅美味。（事後回想吃個果醬為什麼會覺得優雅呢？或許是被古典歐洲的浪漫氣息所牽動吧！）等到這趟遊歐，對於歐洲人的生活感受尤為真實。奧地利人每天起床後最大的活動，就是坐在路邊露天咖啡座上，一邊啜飲咖啡，一邊聊天曬太陽，一派悠閒模樣。

讓我這個每天生活在快節奏中的台灣遊客格外羨慕。打聽之下才知道，歐洲的太陽太珍貴，僅有夏季短短三個月陽光比較多，所以需要好好把握，每天坐在路邊曬太陽。反觀亞熱帶的台灣剛好相反，四季出門都要做好防曬，驕陽當空的夏季，撐傘都來不及，誰會坐在路邊曬太陽。但正是因為豔陽所賜，台灣四季各有不同風味的水果，夏季水果尤其多到讓人眼花繚亂。

這樣一想，台灣「水果天堂」的美譽絕非浪得虛名呢。生活中常聽人抱怨，最近怎麼水果吃來吃去都差不多，簡直不知道要吃什麼？這樣的抱怨可以說是「人在福中不知福」，忍不住嘲笑一句：多麼奢侈的煩惱啊！

幾年前有一位喜歡做果醬的法國朋友，來宜蘭遊玩時，帶了一瓶果醬做為伴手禮送給我。雖然我並不是果醬迷，但那瓶果醬讓我非常驚艷，第一次發現原來可以用兩種以上的水果搭配製成果醬。我記得那是紅心芭樂配香蕉，這樣大膽的混搭配比，讓我大開眼界，不由得暗暗佩服：真的很厲害耶！

移居宜蘭之後，在這裡找到很多特色水果，就拿宜蘭產的桑椹為例，三、四月春天正是產期，桑椹算是一種很隨和的農作物，在宜蘭這麼潮濕的空氣裡居然長得特別好，每年到了產季有些果園也會開放讓大家採果。

自家的院子裡，也種了兩三棵不同品種的桑椹，有改良種大果，滋味不酸不甜；也有野生種小果，吃來又酸又甜；甚至還有只甜不酸的長種桑椹，等到這些桑椹一起結果，我的煩惱就來了，是要全部把它煮成桑椹果醬呢？還是煮成濃縮桑葚汁？無論桑椹果醬還是濃縮桑葚汁，其實都勾不起我的興趣，總覺得缺少創意，連帶讓我的採收動力都消失大半。這時候突然想到法國朋友那一瓶雙果醬，思緒突然飛揚起來：何不利用在地各個季節的多樣水果，嘗試各種不同配對組合，也許會撞擊出有趣的果醬新體驗。

院子裡，桑椹栽種的位置剛好跟一棵土芭樂樹對望，它們經常一起結果一起掉果，我在經過這兩棵果樹時，總被不斷的落果聲催促追趕，時時保持警戒快速通過。這一天，心中靈光一閃：「何不把它們這兩味結合在一起呢！」這個老天早早就給的提示，我竟然到現在才看懂，一剎那間彷彿打通任督二脈。

要把首次配對的桑椹和芭樂送作堆，製作上還是有些訣竅需要掌握。首先，桑椹跟土芭樂要分開處理。桑椹部分比較簡單，只要稍微用清水沖洗乾淨，甩去水分後再陰乾半天，輕輕擦乾備用。土芭樂比較複雜一點，必須先把芭樂的頭跟尾去掉，切塊，然後加一點水，用果汁機打成果泥，因為芭樂果肉有硬籽，口感上會比較粗糙，所以需要用細濾網過濾一次。然後，再把桑椹跟芭樂泥一起加糖，下鍋熬煮，用中小火慢慢煮到喜歡的濃稠度就可以了。

我做出來的桑椹土芭樂果醬贏得家人一致好評，配優格搭吐司都非常對味，且有驚艷之感。得意之餘，忍不住暗想說不定下次真來個量產，或許會大賣呢！

在台灣這麼一個水果王國，只要加上一些創意跟想像力，這些從土地裡長出來的水果，每年都會有一次大出的產期，它們給了我很大的實驗勇氣，即使今年搭配失敗，明年還可以再來一次，相信總會為每一款水果找到最適合的絕世好配。勇敢實驗亂點鴛鴦譜，說不定我就是喬太守，試出一款經典的台式果醬呢！

百變紅寶石
洛神公主

家裡兩個孩子從小就喜歡坐摩托車出遊。也不知什麼原因，有可能爸爸媽媽年輕時很常騎摩托車約會吧！無論是到台東、花蓮、屏東，或是去到更遠的馬祖，孩子們的唯一要求就是租摩托車，對於去哪兒玩或要吃什麼東西，都沒有特別要求。換言之，摩托車就是他們的最愛。

現在孩子們都長大成人了，我還是搞不太清楚他們為什麼愛騎摩托車，坐車不是更舒服嗎？做為媽媽的我，內心一直不解。不過，媽媽也是一個愛玩的人，既然出門遊玩，還要騎車載孩子，何不苦中作樂順便玩點食物遊戲。於是我想出一個遊戲，也是我們全家人騎摩托車遊寶島時，一直玩不膩的。

看到這裡大家一定很好奇，騎摩托車能玩什麼食物遊戲呢？先給點線索：夏天很熱的時候，這個遊戲的成功率高達百分之兩百，而且孩子們從一早就開始期待驗收晚上的成果。

說穿了其實是很簡單的小把戲——一早要騎車出門的時候，先去買一瓶牛奶跟一瓶小盒優格，把它們倒在一起充分搖晃均勻，然後把它們放在摩托車坐墊下的儲物空間內，載著它們到處跑、到處玩，傍晚回到飯店後，再把它冰入冰箱，出門吃晚餐的時候，買一些在地產的當令水果，回到飯店把水果跟做好的優格摻在一起，就變成一道特製甜點，這是我們家出遊時獨有的樂趣。有時候不禁為自己這個天才發想拍拍手，覺得應該得個諾貝爾食物獎之類的獎項。

我對食物常常有許多類似的異想天開靈感，而且不只想想而已，我都會動手實做，成品當然有好有壞，但統計下來，幾乎有百分之九十九的中獎率。孩子們看我好像對食物施作魔法，而且很配合地表現出期待跟好吃的樣子。不知道他們小時候會不會覺得媽媽根本就是個魔法師呢？

相對於一般手藝至上的廚師，我在料理光譜上可能更偏向於鄉村廚娘。我喜歡有過程的食物，從作物在土裡初長、茁壯到成熟，再到料理上桌，美食像行走的動畫，有故事有情節。我更喜歡走到菜園栽種植物、採摘果實，然後把它們變成盤中珍饈。透過這樣的實地觀察，使我更了解每一種作物，它們各有不同脾性。好像有一些看似果子，卻不是拔下來就可以馬上食用的，要經過加工才能變化出多樣食譜，洛神就是最好代表。

洛神花又稱玫瑰茄、洛神果，色澤紅艷瑰麗，有些人以為它是花，也有人認定它是果，其實都誤會了。真正的洛神花是淡黃色的，現在拿來食用的洛神，其實是花朵授粉結果後變肉質的果萼，人們採摘下來加工做成洛神茶、洛神蜜餞或果醬。

本身酸度非常高的洛神，不調味基本上沒辦法入口。很多人喜歡用洛神做果醬，但要做得好吃就不那麼容易了，因為一般熬製果醬時間比較久，加的糖又多，導致最後的口感偏於過分軟爛，有點可惜了洛神本身獨有的爽脆口感。多次實驗後，我覺得不如糖漬洛神來得討喜，這種糖漬作法不但花費時間短，還能保有洛神的微脆咬勁，直接當零嘴也很唰嘴。後來還得知有一種洛神溼蜜餞的作法，同樣能保有洛神原有口感，雖然沒有辦法常溫保存，但至少可以快速消化洛神。否則每次都做洛神果醬，在我家消化速度奇慢，最後幾乎都要放到發霉。

自從為洛神找到最佳料理方式，洛神的吃法突然多樣起來，單吃是日常零嘴，酸酸甜甜的糖漬洛神蜜餞還可以拿來調製沙拉醬、搭配肉類料理，或在烤肉季拿來當成解油去膩的小菜，簡直就是萬用常備菜。吃完洛神蜜餞後，剩下紅紅的湯汁加氣泡水更是絕配，冬天則可以沖成溫熱的洛神汁。

洛神花富含花青素，不但色澤美麗，還可以降血脂，有保健養生的功效，號稱植物界的「紅寶石」，它不是花也不是果，卻依然可以透過創造變化出這麼多食用方式，說明大自然給的都是最美好的，如果我們能夠好好欣賞，跟食物好好玩一場遊戲，即使最單純的作物，也可以感受到世間的美好。

一邊吃著洛神蜜餞，一邊喝著紅寶石顏色的洛神氣泡水，我想如此用心對待，也算對得起美麗的洛神公主了！

淺漬金棗，道地鹹酸甜滋味

金棗算是宜蘭最具特色的農產品，可惜很多人不愛。

不愛它外皮存在感超強的精油，不愛它酸到令人皺眉的汁液，不愛它吃完之後殘留在嘴裡刺刺不舒服的感覺，總之有一百個不愛的理由。

坦白說，我也不太喜歡。但是有一回，吃到淺漬的糖蜜金棗，入口後甜蜜中帶著高雅香氣，金棗被嫌棄的地位就此華麗翻轉。

宜蘭雖然也出產許多種水果，像是蓮霧、楊桃、鳳梨、柚子、桃太郎番茄……但它們被嫌棄的程度，相較於金棗有過而無不及；每一樣水果被宜蘭在地人拍胸脯保證，推薦給外地朋友時，幾乎都被打槍，並遭受無情批評：「蓮霧完全沒有味道啊，喝水都好過吃蓮霧；桃太郎番茄粉粉的沒有口感，也不甜也不酸……」鳳梨、柚子、楊桃更不用說了，負評如排山倒海一般。

金棗作為宜蘭唯一的在地特色水果，又這麼有個性，我相信喜歡它的人一定有，但真要摸著良心說能夠完全接受它的人，還真是不多。幸好金棗除了做成傳統蜜餞，還有很多可能性，淺漬金棗就是一種救贖。其實除了金棗，宜蘭盛產的水果還包括滿坑滿谷的桑椹。

想當初在院子裡種下一棵桑椹、三棵金棗，原是為了一嚐現摘鮮果的新鮮感，沒想到果樹長大後，結實纍纍竟如此令人措手不及。種果樹的時候，想的是若每年樹上可以長出幾顆金棗跟桑葚，便可以吃到當季黃熟的鮮果，光憑想像就不由得滿心歡喜，洋溢浪漫與幸福感。

彼時，從沒種過果樹的我，想起小時候到鄉下親戚家玩，看到掉滿地的水果，總會不由自主在心裡嘀咕：「真是暴殄天物啊！太浪費老天賜予的禮物了，一點都不會珍惜啊！」然而，當我開始種植果樹之後，看著滿樹鮮果，確實開心了兩三天，但之後就不太再接近它們了。不過，果樹並不會因為我的怠慢就停止生長，繼續結果、落果，最終掉得滿地都是，彷彿一直催促著我：「趕快來摘啊！怎麼不來摘啊！」但是，摘了之後要怎麼處理它們呢？還沒想出法子的我，只好持續看著它掉果、爛掉……

終於有一天，抵不過心中的罪惡感，把黃熟的果實摘了下來，可以說是拔兩顆掉三顆，墜地的果實多到根本不想彎腰撿拾，因為樹上還有無數顆在呼喚我呢！剎那間，回想起小時候在親戚家看見果實掉滿地的景象。

在不斷落下的果子雨中，突然產生了領悟，很想告訴金棗樹：「請原諒我吧，你一下子結果這麼多，我也不知道要拿你們怎麼辦啊！」繼而想起那些發明金棗蜜餞、金棗糕、桑椹醋、桑椹果醬，桑椹汁的人，是不是也跟我一樣，在樹下發過愁，進而與果樹有了協定，准許人類可以用發酵、醃漬的方法加工，把好不容易盛產的果實，用不同的方式保存下來，在沒有果實的季節裡，供人懷念及享用。

金棗成熟時呈現出美麗的金黃色，掛在綠葉當中特別吸睛。營養學報告書上說，金棗的營養價值居柑橘類水果之冠，不但可以止咳、化痰、顧喉嚨，還可以預防感冒。真的是一種非常棒的水果。

宜蘭的金棗產量位居全台之冠。我有一位世居宜蘭大湖的朋友，家裡從事金棗加工業，身為第二代的她很感慨地說：現在不只吃金棗的人變少了，就連種金棗農戶都快要絕跡。所幸近年來宜蘭開辦金棗果樹班，開始招募有興趣種植金棗的非典型農夫。從培養金棗農開始著手，不失為保留傳統物種及產業的一種方式，因為來的學員都不是農家出身，對農務沒有恐懼感，反而會有更多興趣與好奇，為傳統農業注入新活力，或許是未來農業的新出路也說不定呢！

如果金棗還要有接續未來的可能，那麼金棗加工就更形重要。糖漬金棗在一般家庭很容易上手，只要將新鮮金棗洗淨後，用叉子將棗身穿刺四、五次，加入冰糖或砂糖，以利醃漬入味。另一種用糖跟話梅淺漬金棗的作法也很簡單，先將金棗放入滾水煮兩分鐘，去除皮的青澀味，然後撈起來瀝乾。趁熱將燙煮過的金棗，放進事先備好的乾淨玻璃瓶中，再倒入糖及話梅（金棗與糖的比例是三比一，話梅隨意）。每天搖晃瓶身，直到糖完全溶解，就可以放入冰箱了。

漬過的金棗不會太甜，還有一些酸梅香氣，簡直就像大家口中的「鹹酸甜」（蜜餞的台語），有時想想，前人不只生活有智慧，連說話取名字都很到位，一語道破感受呢！

簡易的發酵、醃漬，可以讓新鮮果實有更多不同的風貌呈現。台灣四季都有滋味美好的水果，下次在市場上看到多到氾濫的水果，試著找一些好玩的方法，將它們保存下來。畢竟這是住在物產豐饒的寶島居民才有的福利呢！

小小醃梅，舉重若輕

雖然我是在台灣認識月光莊的典子，但是典子最長的資歷，卻是在日本沖繩的月光莊（背包客棧），她在那裡做了六年在地食材早餐。

典子是京都人，早期在東京打拚的她，直到二〇一一年東北三一一大地震，在東京的她體驗到地震跟核災帶來的惴惴不安，於是移居到了沖繩。

她說喜歡沖繩無拘無束的自由氛圍，於是毅然搬離久居的本島，來到南方。她知道離開並不是解決之道，因此她從自己最喜歡，也最擅長的手製醃物開始，做米麴味噌、醃製鹹梅。她說發酵的食品很神奇，有營養、有能量，還有功效，可以幫助身體代謝掉不好的東西。

典子是個很可愛的日本姑娘，一面說自己不是很喜歡京都人的某些文化包袱，一面又從袋子裡拿出漂亮的「手拭い」(日本手巾)，將我給她的小蛋糕細心包裹起來，再放回袋子裡帶回家。同時順手再拿起比較舊的「手拭い」，擦拭桌子、碗盤。文化影響人於無形，其中沒有好與不好的批判，也不是喜歡和不喜歡的選擇，生長環境的習慣，就是這麼自自然然地浸潤到生命中。

典子的行李中，總是有一些旅人不會帶的東西，例如：味噌、醬油、煮飯的鐵釜等等。有一天，她從帶來的行李中，取出半瓶醃梅子，用梅子做了三角飯糰，配上味噌湯，還有鹽麴拌野菜，十足的「典子早餐」。

她告訴我，自己每年都會做醃梅，跟沖繩的朋友一起做。每次吃著梅子，就會想起做梅子時候的歡樂氣氛，到了國外，即使一個人吃著梅子飯糰，也不覺得孤單，食物的撫慰力量真的很強大呢！

這次典子來台的時間，正好趕上梅子大出，特地請她教我日本醃梅的作法，她毫不吝嗇告訴我關於日本梅的知識，以及連新手都不會失敗的梅子食譜。

在日本，最有名的梅子產地是和歌山，當地最富盛名的就是南高梅，看起來有點像台灣的胭脂梅，整顆綠綠的梅子上面有一抹嫣紅，梅子本身也有一股淡淡的香氣。典子說，製作醃梅，從挑選梅子開始就要非常小心，必須挑沒有被蟲咬過，或是沒有傷口的青梅。因為一旦放入有瑕疵的梅子，傷口會帶著細菌，在醃製的時候，很容易造成雜菌產生而有發霉現象，最後導致釀造失敗，整缸梅子都必須倒掉當廚餘。

因此，仔細挑選好果子是非常重要的步驟。挑好果子之後，要一一把梅子的蒂頭用牙籤挑出來，挑蒂頭時也要小心，不要刺傷梅子果實，造成傷口。接下來再把梅子放進清水中清洗乾淨，但要注意手勢要輕柔，不要大力搓洗。因為梅子的果皮很薄，稍熟的梅子只要大力搓洗，很容易有內傷，一樣會影響之後的製作。只要把表面的灰塵跟雜物洗淨就可以了。

洗好後的梅子撈出，瀝乾水分，再風乾半天，用乾淨的布把梅子擦拭乾淨，就可以進行醃梅工程：將梅子放進準備好的玻璃缸中，一層梅子、一層鹽巴，最後一層的梅子上頭，要鋪比較厚的一層鹽巴，上頭再用重物壓住，讓梅子可以比較快速生出汁液，也防止梅子出汁之後，浮出水面會導致黴菌滋生，最後發霉。

典子告訴我，製作日式醃梅最重要的環節是在壓製過程，切記要慢慢加重壓力，只要讓「梅醋」（壓出來的梅汁）可以把梅子都浸好浸滿，就成功在望了。雖說製程聽來簡單，但是過程中需要仔細觀察，隨時調節梅子身上的負重，讓梅醋可以順利產生，進而淹過梅子，在這之前，只要一不小心讓梅子發霉了就功虧一簣。

曾經有一度，我覺得日式醃梅的味道太鹹，鹹到令人卻步，望梅也不能止渴，不太想要靠近或了解它。實做後才發現它富含的酵素，可以拿來滷肉，或直接取代鹽巴作為調味。尤其後來我做壽司醋的時候，都會加一些梅醋跟梅子肉拌入其中，煮出來的壽司飯會有一股很清香的味道，讓我對日本醃梅有了另一番看法。

看著小小顆細皮嫩肉的梅子，上面壓著比它重好幾倍的石頭，居然毫髮無傷，最後還變成滋味無窮的醃梅，內心不禁一陣感動。人生不也如此嗎？什麼時候學會舉重若輕，什麼時候就得以釀出一缸成熟韻味。

青楊桃酵素

材料

青楊桃 1kg、紅冰糖 1kg（約可產出 500g 的酵素液）

準備工具

乾淨的玻璃瓶、乾淨的毛巾

作法

1. 將青楊桃先用清水洗淨表面的灰塵，並風乾半天。
2. 把風乾的楊桃切片，過程中避免沾染水氣。
3. 把切片的楊桃跟預先備好的紅冰糖（楊桃：冰糖 =1：1），放進乾淨的玻璃瓶中，一層楊桃一層冰糖，剩下的冰糖在接下來的 3 天分次放入。
4. 楊桃會開始出水，待出水後開始輕輕攪拌，並將剩下的冰糖分次放入。
5. 楊桃會開始產生氣泡反應，每次攪拌要用乾淨乾燥的攪拌棒，拌完之後，將瓶口蓋上乾淨的毛巾，再放上蓋子，注意不要蓋太緊，因為發酵過程會大量產生氣體，要讓氣體可以散出。
6. 連續攪拌 7 ～ 10 天發酵的反應會漸趨和緩，就可以不用再攪拌，靜置約 3 ～ 6 個月後（看個人喜好），即可過濾汁液，開始飲用。可以兑水、加冰塊或氣泡水都是很棒的選擇。

翻砂柚子皮

材料

柚子皮 500g、糖 100g、水 100g

作法

1. 將柚子皮盡量去掉白囊。
2. 剩下的柚皮切成條狀。
3. 放進滾水中，以中小火煮 6 分鐘。
4. 撈起煮過的柚皮，放入冷水中浸泡，中間搓揉一下，擰乾水分再浸泡，如此重複三次，將柚皮置於冷水中放置一夜。
5. 將泡了一夜的柚皮撈出，擰乾備用。
6. 在鍋內加入 100 公克的水及 100 公克的砂糖，加入柚皮，以小火加熱翻炒。
7. 等到水分開始收乾，要更勤快地翻炒，避免燒焦。等到砂糖結晶開始出現時就要關火，並繼續翻炒直到砂糖全部變成白色結晶。

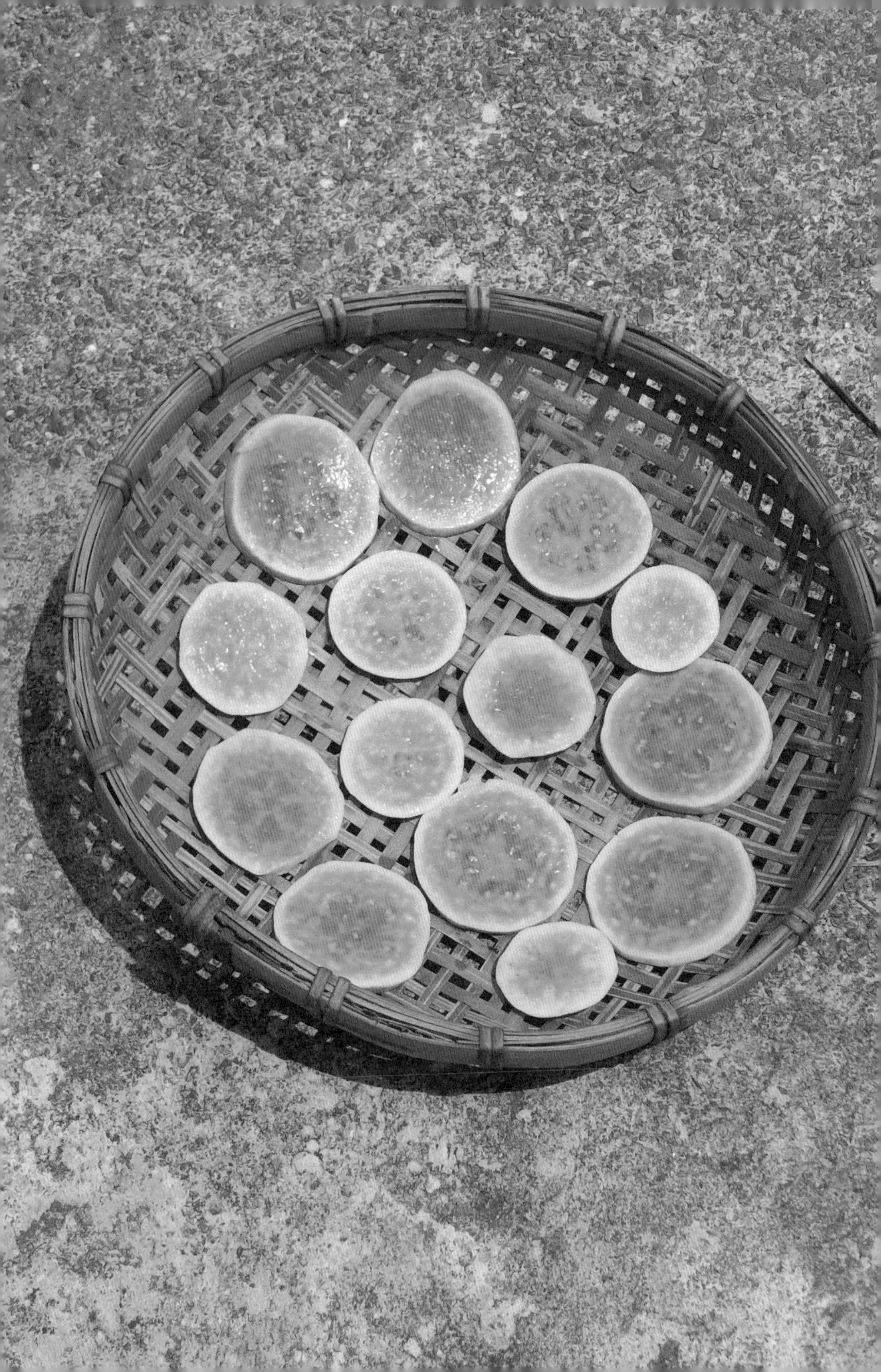

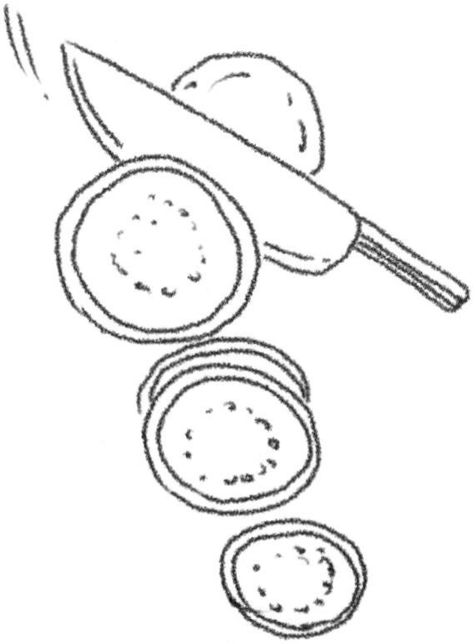

紅心芭樂乾

材料

紅心芭樂 5 顆

準備工具

曬網、封裝罐

作法

1. 洗淨紅心芭樂，盡可能切成薄片，以利日曬時容易成乾。
2. 將切片芭樂鋪平在網上，利用大太陽曝曬 3 ～ 4 天，當天沒有曬乾可以先收進室內，隔日再拿出來曬。
3. 曬到芭樂乾可以自由彈性彎曲，不會斷裂，就差不多快好了。
4. 最後用烤箱，低溫烘乾（100℃以下的溫度烤 30 秒）一次，等烤箱降溫後，再烤一次，放涼後即可放入封裝罐冷藏保存。
5. 泡茶時放幾片紅心芭樂乾，讓自然香甜氣息融入茶湯中。

桑椹土芭樂果醬

材料

桑椹 300g、土芭樂 300g、砂糖 500g

準備工具

剪刀、紙巾、細目網篩、玻璃罐

作法

1. 先把桑椹用清水沖洗乾淨，撈起瀝乾，剪掉綠色的小蒂頭，再風乾半天，用乾淨的紙巾擦乾備用。
2. 將土芭樂去頭去尾，切成小塊，再加一點點水用果汁機打成泥，再用細目網篩的濾網把芭樂泥裡面的籽過濾掉。
3. 把桑椹、土芭樂果泥加上等量冰糖（或其他喜歡的糖），一起煮沸後轉小火，慢慢攪拌。
4. 將果醬一面攪拌一面收水，煮成自己喜歡的濃稠度，就可以關火，倒入殺菌過的玻璃罐中。

TIPS 這是屬於比較隨意的果醬熬煮方式，冷卻後一定要冰起來，並盡快吃完才不會發霉。

糖漬洛神

材料

洛神 600g、砂糖或冰糖 300g

準備工具

乾淨的玻璃瓶

作法

1. 先將洛神剝開，取出中心的籽。
2. 洗淨洛神後，用熱水燙 5 ～ 6 秒鐘，撈起稍微瀝乾水分。
3. 放涼後裝入玻璃瓶中，再放進砂糖或冰糖，置於室溫中大約 2 ～ 3 天。
4. 過程中須不時滾動玻璃瓶，使糖水可以浸泡到所有洛神。
5. 等糖完全溶解後，糖漬洛神就完成了，可放置在冰箱保存。

淺漬金棗

材料

金棗 500g、冰糖 300g、話梅 2 個

準備工具

乾淨的玻璃罐、叉子

作法

1. 先把金棗洗乾淨，瀝乾水分，再用叉子將金棗穿刺 3、4 次。
2. 起一鍋滾水，將穿刺過的金棗放入滾水中，汆燙約 1 ～ 2 分鐘，撈起瀝乾。
3. 趁還有餘溫，將汆燙過的金棗放入事先準備好的乾淨玻璃瓶中，再加入冰糖；金棗和冰糖比例約為 3：1，話梅則可隨意加。
4. 每天多次搖晃玻璃瓶，直到冰糖完全融解，就可以冰到冰箱冷藏，大約一週後可以食用。

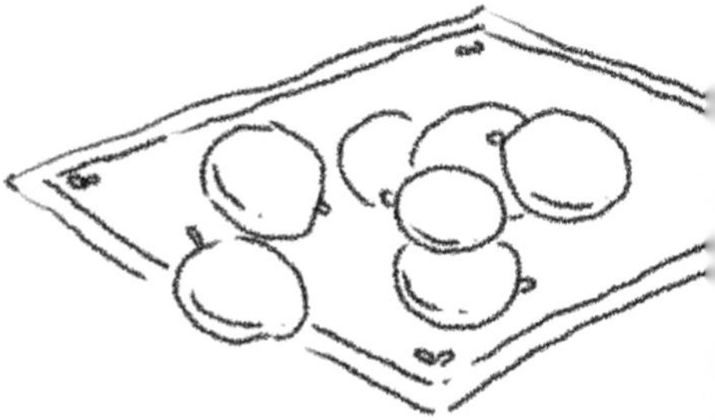

日式醃梅

材料

生梅子 600g、海鹽 120g（大約為梅子的 20%）

準備工具

乾淨的玻璃瓶、石頭一類的重物（重物的重量是梅子重量的 2 倍重）

作法

1. 挑選外表沒有受傷完整的梅子。
2. 用牙籤挑出每顆梅子的蒂頭，小心不要刺傷果實。
3. 用清水輕輕洗掉梅子表面的灰塵跟雜質，撈起瀝乾，再鋪平陰乾水分。
4. 用乾淨的毛巾把梅子確實再擦拭一遍，放進準備好的玻璃瓶中，一層梅子、一層鹽（鹽大約為梅子的 20%），最後一層梅子鋪上較厚的鹽，再用重物壓住。
5. 隔天梅子就會出水，盡量在 2 天內讓壓出的水淹過梅子，然後把重物減少一些，直到梅子不會浮出水面，就把重物移走，讓梅子一直泡在鹽水中，一年後就成了最簡單的日式醃梅。

阿娜娜
是思念阿嬷的味道

泰山是我認識多年的好朋友。森林系畢業的他，對植物擁有莫名熱情，甚至為此中年轉業，到學校改當木工老師，小朋友們常圍繞著他問東問西，好奇地看著他的工具箱摸來摸去，儼然把他當成孩子王。年過半百的他，依然對植物抱持極大熱情，在自己的房屋周圍種滿許多奇奇怪怪的植物。他知道我喜歡新奇有趣的東西，前一陣子特地拿了幾顆壘球大小的果實送我，說是東南亞特產，但在台灣，它的市場接受度尚待考驗。為了怕我失望，泰山先幫我打預防針，希望我不要太期待它的風味。他說：「不能接受它的味道沒關係，就當成嘗試水果新口味吧！」

那顆壘球大小的果實，的確是我從來沒有看過的水果。泰山走後，我看著桌上陌生的水果自忖，自己曾經分解過一顆比頭還大兩倍的波羅蜜，這個小東西，應該很容易解決吧！因為果實已經非常成熟，可以說有些過熟了，它的外皮有點脫落，長相並不美妙，甚至有點恐怖。但是削完皮後，卻散發出非常清甜的香氣，充滿熱帶風情。那股甜香很難形容，有點像釋迦、鳳梨跟波羅蜜的綜合香味。

這時候全家人圍了過來，開始分食果實。基本上還算可以接受的口感跟味道，但稍嫌酸了一點，先生提出用它做果醬的想法，還自告奮勇說他可以幫忙去籽。他說：「或許做成甜甜的果醬就不會那麼酸了吧！」

別小看那兩、三顆小小果實，光是去籽過程大概就花費近一個小時，我們在鍋內倒入砂糖和果肉開始熬煮果醬，因為太濃稠了，一度快要燒焦。趕緊換鍋之後，當機立斷停止熬煮果醬，改做成糖漬水果。因為它的果肉質地像比較黏的釋迦，去籽後果肉放在鍋子裡，再倒進二分之一重量的細冰糖，以小火慢慢加熱，待糖融化後，很快就可以熬成糖漬阿娜娜。

看著那一鍋成品，心裡盤算怎麼樣「消滅」它們才好，突然想起隔壁鄰居阿平，她是一位有著三個小孩的年輕媽媽，平時總是為小孩親手料理三餐，點心、烘焙、飲品統統難不倒她。我想她應該會喜歡這道新奇的糖漬水果吧！

當時正處於疫情期間，大家都盡量減少面對面接觸，我把糖漬阿娜娜放在她家門口，拍了水果本尊跟糖漬好的小瓶阿娜娜照片傳給她，希望她會喜歡。過了一會兒，她回傳訊息給我：「天啊！這是阿娜娜！我要哭了！讓我想起阿嬤！阿嬤是埔里人！她在世的時候常常做給我吃！阿娜娜是阿嬤的味道！」阿平不管我是否回應了，自顧自地沉浸在她跟阿嬤的回憶裡，最後甚至直接戴著口罩就跑到我家門口，訴說起阿嬤和阿娜娜的種種：阿嬤怎麼樣從菜市場帶回削好皮的阿娜娜，放在冰箱冷凍，想吃的時候就拿出來攪拌攪拌加剉冰……「那是童年的味道。」她說，現在阿嬤已經不在了，但看到阿娜娜，瞬間就讓她想起阿嬤，眼眶不自覺也濕潤了起來！

她說身邊的人，連老公都沒有辦法接受這個口味，讓她備感寂寞，對阿嬤的思念無人可以分享。那天一早的糖漬阿娜娜，療癒了多年來想念阿嬤的心情。她的孩子們吃了糖漬阿娜娜都很喜歡，她說自己彷彿看到無緣見曾孫的阿祖，跟孩子們玩在一起的景象，內心非常感動。

後來阿平傳了有關阿娜娜的資訊給我：阿娜娜的學名是山刺番荔枝，日治時代從菲律賓引進寶島栽種，跟波羅蜜、榴槤一樣都是南洋果王。阿娜娜不甜，甚至帶酸，但綜合了釋迦、鳳梨、芭樂、香蕉和百香果多種水果香氣，讓人一聞難忘。它在南投埔里落地生根後，非常盛行，是埔里人共同的味覺回憶。在其他地方卻鮮為人知，就連我這樣被人形容為「好奇殺死一隻貓」的勇敢嚐鮮者，都沒有聽過呢！

誰會想到，一罐糖漬阿娜娜瞬間釋放了一直綑綁在孫女內心的思念和遺憾，這是阿娜娜的魔力，也是食物的神奇力量，不只餵養我們的身體，還滋養心靈。來自土地的萬事萬物都帶著能量，無時無刻無處不在，只要我們願意敞開，隨處可以得到療癒的能量，那是上天給我們的禮物。

阿娜娜簡易食譜

材料 阿娜娜、蜂蜜或黑糖

作法

1. 先將熟透的阿娜娜果實去皮、去籽。
2. 再把果肉分批冷凍。
3. 可以將果肉加蜂蜜跟水打成果汁。
4. 更簡單的方法是把冷凍果肉取出，直接加黑糖或二砂糖，也可以淋上蜂蜜，攪拌一下就可以吃了。

CHAPTER 3

米豆

只想和夏天戀愛的豆腐乳

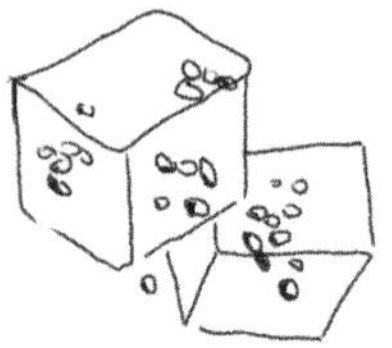

做豆腐乳，第一重點是要看老天的臉色，合適的溫濕度環境很重要，所以如果天氣不穩定不能發麴、也就無法製作。夏天，是宜蘭一年中陽光最充足、最適合做發酵食品的季節。通常不用等氣象局公布，只要看到市場裡每家店鋪都擺出了豆腐乳胚塊、米麴、黑豆麴時，就可以確定梅雨期結束了。

我說的每間店鋪，真的就是從賣五金、賣衣服、賣南北貨，甚至連賣小雞的店，每一間幾乎都會擺出這些材料，彷彿整個市場進入「豆腐乳警備狀態」，實際上，是因為如果不把握颱風來臨前的這一波夏季的陽光，今年怕就做不成豆腐乳了。

豆腐乳彷彿是我跟家鄉的連結，十多年前回到宜蘭，沿途的稻埕上盡是一塊塊白色的小方塊，在太陽底下閃閃發亮，這有點奇幻的景象激發了我的好奇，詢問長輩之後才知道，那是豆腐乳胚塊。對於在城市長成的我來說，豆腐乳是我兒時未曾接觸的食物，長大後更是絕緣，奇妙的是為人妻母回到家鄉後，豆腐乳卻闖入我的人生中，還扮演著不小的角色。

一開始做豆腐乳，我抱著玩遊戲的心情，想著白色超鹹超硬的小方塊，經過四個月到底會變成什麼滋味？所以第一次做豆腐乳，看著一大甕的白色腐乳塊熟成後變成誘人的金黃色，著實令人覺得興奮。礙於我們是小家庭只有四個人，食用量實在是少之又少，便不斷地送給身邊的眾親朋好友。沒想到得到了大家的好評，於是有了信心，第二年就做了更多，還當成年節禮品分送給大家。最意想不到的是，這個本來只是抱著好玩的心情嘗試的發酵食物，最後竟然還變成了每年固定販售的商品。

製作豆腐乳，要先準備豆腐角將其泡水後蒸過，再拿到太陽底下曬乾然後切塊，再用預先拌好加了糖和酒的米麴為醬汁，裝罐醃漬起來，大約經過半年的時間，就能搖身變成黃金般顏色的熟成豆腐乳。雖然製作過程似乎不是太複雜，但光是製作米麴就需要將近一週，接下來預做醬汁至少也要三天以上，加上還要看老天爺賞不賞光，萬事俱備之後才可以做成豆腐乳。前前後後至少要十到十二天，還不包括等待天氣的時間。

正因為豆腐乳的製作如此難得，所以，我總是趁著每年陽光燦爛的夏季，召集身邊的媽媽朋友們，讓她們帶著放暑假的孩子來家裡一起做好吃的豆腐乳。媽媽們一邊話家常一邊跟著我動手做，孩子則像玩樂般的跟在旁邊湊熱鬧，也讓我越做越起勁，縱使製作時間是在陽光毒辣的盛夏期間，一點都不輕鬆，可是當我帶著遊玩的心情，小孩也玩得不亦樂乎。就這樣，當初隨興發起的活動居然也持續了十幾年，從孩子念小學開始，一路做到現在都要念大學了。

豆腐乳是靠時間魔法變出來的美味，我只是個媒人婆，介紹新郎新娘認識，然後讓他們慢慢培養感情，最後釀出濃醇香的滋味。雖然只是媒人，但是吃到釀成後神奇又讓人讚嘆的味道，對於能夠參與時間魔法釀造大工程的自己，我也禁不住驕傲了起來。

一壺濁酒喜相會

宜蘭深溝是我出生的地方，重新回到這裡再經過二十年歲月，今天深溝有一條最繁華的街道，我戲稱它是深溝銀座。

整條街並不長，只有短短兩百公尺。街上有兩間餐廳、兩家小農產品販賣鋪，在二十年前我們剛搬回來的時候，是根本無法想像現下的繁華，這一切只能說是老天賜予的奇蹟。

自從我們全家搬回來種稻，陸陸續續有一些想要回到農村生活的朋友到訪，但大部分都無法留下來真正生活，或許因為鄉間同伴太少，生活太寂寞所致，讓他們打了退堂鼓。然而十年前，農地政策解封之後，多出許多農地需要耕作，因而掀起一股新農進村的風潮。

至今十年過去，這些進村的新農，居然在深溝這個小地方，做了許多有趣的事，還催生出深溝銀座這麼一條繁華的小街道，營造出我們想要的生活樣貌跟方式。其中最有趣的，是大家一起種米，也開始用米玩起各種釀造遊戲，其中釀酒就是最迷人的一環。

因為聚集了許多人一起在這裡生活，志同道合的彼此開始有了玩伴，只要有什麼新的點子，有人提出，就會有人附和，大夥兒一起玩耍一起創作，不可能也逐漸變成可能。我覺得這是深溝小農社群最迷人的地方，當小農的米遇上在地小酒廠，一起碰撞出真正來自蘭陽土地，一支在地小農做成的友善清酒品牌——漫慢白露，應運而生。

不過這樣子的發想，仍不足以讓小農們的創意火花停止綻放。於是大家又開始玩起自釀酒，或者可以稱之為「地酒」吧！地酒這個名詞來自於日本，最主要的精神是原料取之於在地物產。嚴格說來沒有什麼認證單位，或許地酒的原始精神大過於一切其他規範吧！好奇的我，翻閱日本農業書籍查到，日本各地從北海道到沖繩，古早時期在家釀酒的方法，才發現釀酒其實很簡單。

酒是一種文化的精緻表現，一般說來，在肚子都吃不飽的時代，穀物糧食當然不可能拿來釀酒，然而精神信仰超越這一切，所以日本釀酒業多與宗教及信仰結合，當然也要跟人的日常生活結合。綜觀日本各地的釀酒文化，發現它們真的非常簡單，而且是很容易入手的一門釀造手藝。反觀現在商業的清酒釀造廠，非常講究精米步合（編按：日本清酒釀造術語，指磨過之後的白米，占原本玄米的比重），追求極致表現，也就是把米一直磨一直磨，

磨到剩下米心，做成吟釀、大吟釀等級的清酒。然而沒有精密的碾米設備，是沒有辦法完成這些工序的。

後來發現，其實在用米釀酒的原始發想上，只是用家裡的食用米，加上麴菌和水發酵，就變成家常可以食用的濁酒，這是現代清酒最初始的狀態。我想自己可以重現這種最原始的狀態，於是決定動手釀酒。

我把之前做的日本米麴，用自家的米再做一次，然後再去冒出湧泉的山壁，取回蘭陽平原上乾淨的雪山山脈泉水，加上自家種的米開始釀起酒來。我沒有想到釀出來的酒意外好喝，再回去翻一遍日本古籍資料，他們號稱這樣的濁酒是「百藥之長」，顛覆了我對酒的既定印象。印象中，酒從來不是好東西，酒喝多了會宿醉，喝酒傷身之類的負面印象深植人心。直到我發現，自己釀造

出來的濁酒，其實含有許多活菌，也就是現在人很在意的腸道益生菌。進而理解到，用這種方式做出來的酒，是，活，的！

自己可以釀酒，這件事情讓我備感興奮，而且這個酒還對身體很有幫助。後來小農們也一起玩起釀酒，一個人可能玩不出太多花樣，很多人一起集思廣益，就花樣百出了。後來我們成立了釀酒社團，每週品酒，最後甚至自辦釀酒大賽，玩得不亦樂乎。

在我跟先生創辦的「穀東俱樂部二十週年插秧聚」的餐會上，我決定獻上一瓶自釀的濁酒，給與會來賓品嚐，沒想到這個決定給了我很大的啟發跟感動。餐會舉辦前一段時間，我就開始斟酌何時動手釀酒，才能趕在餐會當天，讓大家品嚐到最好的濁酒滋味。最後，決定在餐會前一個月開始釀製，過程中，一邊懷著感謝的心情，一邊想像大家喝到這一口酒的愉悅情景。

餐會當天，我介紹釀製這瓶酒的過程跟心情，說著說著，自己也被這樣的氛圍感動了。這才體會到，原來這就是日本人所謂的「一期一會」，用這樣的心情釀出來的酒富含活菌，是「活的酒」，因此，這是只在當下可以喝到的風味，過了此時此刻，這瓶酒就不再是這個滋味了。

原來人跟食物的相遇可以如此美好，雖短暫卻也永恆，過了這一刻就不是這一刻。人生不也如此嗎？只要懂得好好珍惜，每一刻都是最特別的一刻。

自然採菌的納豆養成術

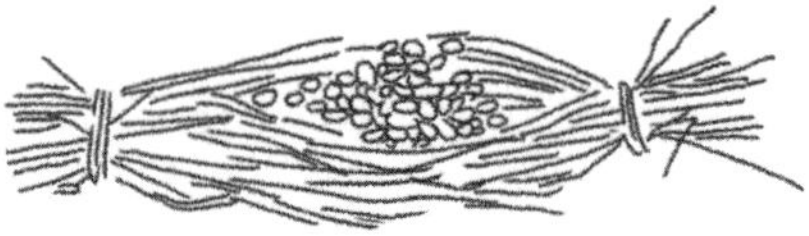

從年輕時代開始，我跟日本就有著很深的緣分。生平有過好幾次在日本小住的經驗，時間往往長達數週。大學畢業後，還曾經到東京住過一年半，專程去上日語學校。之所以有這些機緣，是因為當時我的阿姨住在日本群馬縣，幾次拜訪算是我對日本的初體驗。

群馬以農業、溫泉聞名，我住的地方是在山裡的一個小村莊，一間日式傳統木造建築，四周圍繞著溫帶森林，充滿童話故事氛圍，跟龍貓動畫場景如出一轍，讓人心曠神怡。這種環境白天感覺很好，但一到晚上，夜幕低垂萬籟俱寂，整個山裡烏漆麻黑，人影都不見一個。

有一回，阿姨說要帶我跟她的家人一起去吃燒肉，我聽了超開心，因為住在這裡，大多數時間只往返於住家跟鎮上的超市之間，很少有外食機會。

那一天，天還沒有黑我們就開車出門，一直在山裡繞來繞去，完全不見任何餐廳的蹤影，加上很快就天黑了，感覺好像在山路彎道繞了很久很久，就在我快要睡著的時候，車窗外就看見溫暖的燈光中，真有一間日式燒肉店靜靜地佇立在黝黑的山林中，像極了日本電視經常出現的標題：「想不到吧！在這樣偏僻的山林中也有好吃的餐廳！」

那個年紀的我，對日本食物充滿好奇，彼時台灣還沒有迴轉壽司店，雖有許多日式料理餐廳，卻不是一般家庭會打牙祭的選擇。所以，這趟燒肉初體驗，對當時尚未滿二十歲的我來說，算得上是充滿驚奇的文化衝擊。

婚後，我又有機會在日本岡山居住兩年，其間還生了第二個孩子。在日本坐月子的體驗也非常不同，在台灣產婦必須包緊緊，不能受風、不喝生水、不吃生冷食物、不洗澡，在日本卻完全沒有這些禁忌。產後住在醫院那一週，每日套餐都是一瓶冰牛奶、生菜盤、滷蘿蔔……來日本幫我坐月子的媽媽，看到這些食物嚇得眼珠都快掉出來了。

由此來看，台日的確存在著一些飲食差異，以日本國民食物納豆來說，很少日本人不愛吃，對我而言，初嚐納豆的感覺卻像品嚐外星食物。不過經過多次在日生活，納豆吃多了，居然也慢慢愛上，回台後時不時還會想念著納豆滋味。

回宜蘭種稻務農後，有一位身邊經常往來的日本大哥，看著我們種稻收割，突然心有所感地問我，你們種了這麼優質沒有農藥化

肥的稻子，收割後的稻稈怎麼沒有想過用它們來做納豆呢？

我用充滿疑惑的眼神看著他問：「納豆跟稻稈有什麼關聯呢？」來自北海道的他說，自己從小就看著身邊長輩用稻稈包黃豆來製做傳統納豆，對他來說，這是自然而然的聯想。聽他一說，我充滿好奇，邀請他為我示範這個從來沒有看過的發酵製品。他交代我先備好乾稻草、蒸熟的黃豆。

正式製做那天，他帶著筆電開始上網搜尋做法，我才知道原來北海道大哥只是從小看長輩製做納豆，根本沒有實際操作的經驗啊！但他拍胸脯保證，不會有問題，因為製做納豆超級簡單，不會出錯。

我們開始把稻草綁成一束一束，放進燒開的水裡滾煮十五分鐘，這是一個殺菌的過程，把稻草上的雜菌都滅掉，只剩下耐高溫的納豆菌留下來，原來在稻桿裡就有天然的菌種，正式名稱是枯草桿菌，不得不讓我再度佩服老前輩們充滿智慧與實驗的勇氣。

將殺菌後的稻草撈起稍微放涼之後，把事先蒸到熟透的黃豆放在稻稈束裡包起來，再用乾淨的毛巾，把放有黃豆的稻稈束包起來，放進準備好的保麗龍箱內，再放進一罐裝了溫水（約五十度）的寶特瓶，每隔六至七小時換一次溫水，保持箱子裡的溫度，以利納豆菌生長，大約經過三十六個小時之後，自然採菌的納豆就完成了。

當時我完全不知道這樣土法煉鋼會不會成功，於是請日本大哥先拿回去請同鄉夥伴試吃，大家吃後一致覺得很有家鄉味道。我則覺得超級神奇，原來這就是家鄉的味道啊！雖然他們身處台灣異鄉，但只要一個味道、一個香氣，就可以療癒許多人的思鄉情懷。

女兒到歐洲上研究所之後，也常念念不忘宜蘭的四季風味，曾經習以為常的豆腐乳、醬油、臘肉、蘿蔔乾……都是她日思夜夢的美味。一面看著歐洲風乾生火腿，一面想著冬季煙霧瀰漫的煙燻宜蘭臘肉，是不是很有共感呢！

我相信食物不僅僅是填飽肚子的東西，也不單單只用來取悅味蕾，我更相信它具有深層的意義，可以撫慰許多人的心！尤其那些離開家庭、遠離家鄉的遊子，熟悉的食物讓人一秒回到熟悉的家鄉，彷彿所有流浪在外的疲憊都得到療癒。手中的納豆讓我再次感受到食物的神奇力量，原來可以穿越時空限制，無遠弗屆呢！

醬菜的米糠好眠床

發酵是一場生命與生命直接碰撞的邂逅，不分國籍、區域。這是跟月光莊的典子，一起舉辦幾場日式發酵料理課程後，最深的感觸。

當初只是為了鼓舞典子，在疫情嚴峻時，手邊還是可以做些好玩又有趣的事情，又正逢梅子產季，於是開設了自己很喜歡的日式醃梅課程。因為學員們反應熱烈，接續再開米糠床漬菜課程，而且一開就開了兩班，讓我跟典子滿臉驚嘆號。

典子問：「台灣人這麼喜歡吃米糠漬菜喔？」

後來才知道，日劇才是推波助瀾的幕後功臣。

記得第一天上課，就有學員興奮地說：「好想知道每次日劇裡的人，拿出來攪啊攪的是什麼東西，感覺好浪漫噢！」心裡不禁感嘆，學員們果然都是浪漫派的人，本想一棒子敲醒他們的浪漫想像。話到嘴邊，心念一轉，何不藉由大夥兒對異國食物的好奇，開啟他們對發酵食物的熱情呢！對我來說，發酵無關乎國界，不管用什麼方式，只要可以讓人用歡喜的心接觸發酵，都是件令人欣慰的事。

之所以動念開設米糠床課程，還有一個重要原因，是我想透過開班授課，把傳統技法和在地食材連結起來。因為自家生產的穀東俱樂部友善稻米，碾米的時候常會產生許多米糠，產量多到驚人，這些營養的副產品，不是下田做堆肥，就是拿去餵雞，只有少量會做成人吃的熟米糠，補充維他命B群跟膳食纖維。因為友善耕作的無農藥米糠十分珍貴，啟發了我和典子開米糠床課程的構想，教大家這個日本最傳統的醃漬技法。

顧名思義，米糠床的主要原料就是米糠，學員們最初以為米糠是稻穀最外面那一層硬殼，殊不知那是粗糠。第一天上課，先教大家認識稻米構造，米糠是糙米變成白米過程中，陸續脫掉的麩皮、胚芽等等。聽到這裡，有識貨學員驚呼：「這不是最營養的東西嗎？」「是啊！」我告訴學員：「所以保存上更要謹慎小心，尤其生米糠。」然而，做米糠床最好的材料正是生米糠，也是我家的多到不知該拿它怎麼辦才好的「特產」。

製作米糠床的時候，如果可以取得生米糠最理想，如果沒有，用熟米糠也沒有問題。米糠和水、海鹽的比例是 1:1: 0.13。典子說，用這個比例做，生手也很容易成功。另外，還要準備調味用的乾香菇、乾昆布、乾辣椒各少許。製作前，先將鹽倒入水中攪拌至溶解，再把鹽水倒進米糠中拌勻。然後把香菇、昆布、辣椒，以及少量菜葉或一些去頭去尾的菜渣，一起埋進米糠中，壓出空氣後，將容器的邊邊角角擦拭乾淨，每四天取出菜渣，再重新放新的菜葉進去。這些先漬再丟棄的菜渣，一般都會選擇水分含量較多的白蘿蔔或高麗菜，讓這些蔬菜的風味，隨著水分滲入米糠床中。之所以需要隔幾天就更換新鮮菜葉，是為了讓米糠床快速補充各種風味。大約持續兩週左右，就可以養成做米糠醬菜的米糠床了。

米糠床做醬菜的原理，是利用乳酸菌及酵母菌發酵，不但保存住當季盛產的滯銷蔬菜，也讓千篇一律的菜味，煥發出不同風貌，更迎合了現代人想補充益生菌的健康概念。

一般而言，米糠醬菜最常用的幾種蔬菜是白蘿蔔、紅蘿蔔、小黃瓜、茄子、大白菜，偶爾也有人用蕪菁、蘆筍、彩椒、洋蔥。最令人驚訝的是，還有人用米糠床來醃肉、醃魚、醃桃子。總之，日本人將這味傳統發酵技法，應用到淋漓盡致。

記得有一年去日本，看到茄子做的米糠醬菜，著實嚇了一跳，因為在華人的飲食觀念裡，茄子不能生吃，據說容易中毒。因此，當日本朋友勸我吃茄子醬菜時，心裡非常抗拒。最後抵不過好奇心，鼓足勇氣吞下肚，意外發現醃漬過的茄子如此美味，跟直接生食及煮熟後的狀態截然不同。

傳統中菜料理茄子，需要用火加熱炊熟。為什麼生的也可以吃呢？我一度非常好奇。後來翻閱資料典籍才知道，把東西炊熟，不僅僅只有火上加熱一種方式，還有一種能讓食物變熟的方法，用的是「冷火」，也就是發酵。在飲食文化研究中，必定會討論到麥可波倫的著作《烹》，這本書中提到的發酵就是一種冷火，這也解釋了為什麼茄子在米糠床上，靜靜躺一個晚上就變熟的原因。

米糠床乍看之下是很傳統的食物加工技法，但就現代飲食觀點來看，它可是既創新又前衛呢！其實在每個國家的傳統烹飪技法中，都可以找到類似的軌跡。例如台灣的豆腐乳、韓國的泡菜、印尼的天貝等等，我想還有更多我不知道的，有待慢慢發掘。

在這幾次米糠床的教授課堂上，因為正逢疫情蔓延，我突然有一些領悟。或許學員們不是只對日劇有浪漫想像，而是因為疫情不得不保持社交距離，進而對人產生了疏離感，心裡特別需要親密接觸的溫暖。發酵過程仰賴活菌與活菌之間的緊密合作，它們沒有保持距離的問題，相擁相親一起聯手工作，為醬菜增添不可思議的美好滋味。

人與活菌在課堂上相遇，何嘗不是瘟疫蔓延時，人類最需要的心靈療癒。與其說是我們成就了米糠床，不如說是米糠床安慰了我們那顆寂寥又無可依靠的心。

藏在九層炊裡的秘密語言

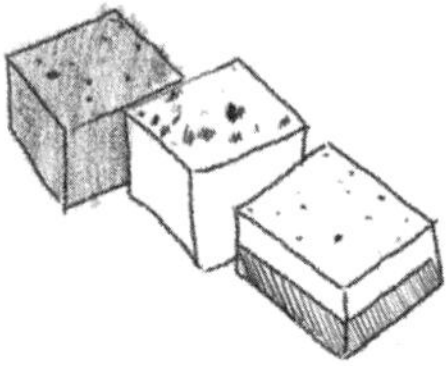

村子裡親戚、鄰居嬸婆、姑婆一大堆，為了有效辨識，私下裡我為她們各自取了可供區分的綽號。例如家中專種菜瓜的嬸婆叫「菜瓜嬸婆」，皮膚很黑的叫「烏肉嬸婆」，每天帶狗來我家前面草地上大便的是「狗屎嬸婆」（是否一聽就明顯感受到我的怒意呢）。

最近剛好朋友要來採訪，拜託我找村子裡的老人家做傳統米食。想來想去就想到了菜瓜嬸婆。菜瓜嬸婆在幫我們磨米漿做湯圓時，也順便幫家人做了她最拿手的九層炊。

她一面做，一面唸叨：「這些傳統的食食（tsia̍h-si̍t）都沒有人要做了。」

我哄她說：「嬸婆，妳把我教會了，以後我做給妳吃啦！」

結果，那一天婿婆教我做九層炊分層調味時，特別仔細叮嚀：「我們家裡的人喜歡白（鹹）的比較多，黑（甜）的比較少，千萬不要剛好分一半喔！」突然間，一種感動湧上心頭，這是家人間才有的默契啊！是了解、體貼，也是愛的秘密語言。這裡的市場上，有好幾個攤位都在賣九層炊，可見這是宜蘭人的真愛。

九層炊要準備的材料很簡單，只需要純在來米，泡半天水後撈出瀝乾，用傳統磨米漿機加水一起磨成漿。磨好的米漿分成兩半，甜的部分用二砂糖或黑糖，加一點水煮開，加進一半的米漿中和匀；鹹的部分就準備蔥、鹽、白胡椒粉，簡單用一點油爆香，再加一點水煮滾，和進另外一半的米漿拌匀。甜鹹兩份米漿準備就緒，接下來才是需要耐心的炊粿步驟。

炊粿要準備一個有蓋的深鍋，跟一個淺的鐵盤，鍋裡裝水煮沸後，把鐵盤架在鍋內隔水蒸炊，先把薄薄一層甜米漿倒在鐵盤上，蓋上鍋蓋，等第一層米漿確實蒸熟後，再倒進第二層甜米漿。如此反覆直到甜米漿都蒸好之後，接下來才換鹹米漿上場。依樣畫葫蘆把鹹米漿也都蒸好了，九層炊就大功告成了。

之前聽說有些性子急的長輩，沒有等每層米漿蒸熟就倒入下一層米漿，蒸完之後發現根本不能吃，因為每層都沒有熟透，也沒有辦法蒸出有層次的口感，因為都混在一起，變成沒有層次又沒有個性的粿。

看到這裡大家應該都能感受到九層炊的可貴與難得了吧！需要很多時間等待，很多耐心琢磨，才能成就一塊有層次又有口感的九層炊。更何況還要記得家人們對鹹、甜比例的極致追求，我想那

需要很多對家人的愛才可能成就吧！

市場上賣的九層炊，清一色都是鹹甜比例各半，甚至還有分開來銷售的全甜或全鹹口味。但是那種「白的多一點、黑的少一點」的客製化九層炊，應該是同一個家庭裡的人，才能共有的味覺記憶吧！我想像嬸婆的孩子、孫子，看到九層炊一半白一半黑，不依不饒地喊著：「這不是我家的九層炊！白的要多一點才好吃嘛！」那是一種說不出來的幸福感啊！

我也學著嬸婆做過九層炊，結果家人反應大不同，大家一致喜歡黑的多一些、白的少一點。我想也難怪，誰叫家裡有三位成員都是甜點控，他們嗜甜如命的程度，讓人有點無法想像。舉例來說，好幾次全家人一起到餐廳用餐，點餐時，三個大人小孩同一時間把甜點點過一輪後，就把菜單放下，他們大方讓出主菜選擇權，全部交付給我。剛開始有點傻眼，後來也慢慢習慣了，畢竟一個人可以一次點四種主餐，還不用自己全部吃完，感覺還滿爽的。

每個家庭都有各自的喜好，不論好壞，也沒有對錯，這些飲食習慣，好像是家人間的無聲語言，有時想起來有一種甜滋滋的感覺，原來這是一家人的默契，是不用說出口的愛。

村子裡，不是每一位老人家做的東西都很可口。有句俗諺說：「什麼人做什麼菜」，我會找菜瓜嬸婆、竹筍姑婆問東問西，巴著她們教我傳統手作料理、發酵、醃漬，但是絕對不會找狗屎嬸婆，因為她常有驚人之舉，做東西從來不按牌理出牌，省吃儉用是她的料理最高原則，能省則省、能偷就偷（是偷工減料啦）！大家應該很能想像她做出來的東西口味了吧！

以狗屎嬸婆釀的醬油為例，看起來是烏嚕嚕的醬油沒錯，但就是黑黑、鹹鹹、水水的，沒什麼風味，簡直像鹹死人的黑豆水。她炊出來的草仔粿，看起來像草仔粿，不過內餡調味不是不夠就是太鹹，粿身吃來簡直像史萊姆（編按：英文 slime，意為黏液，後來被小說及桌遊引申為黏液怪物）巴在喉嚨，吞也不是，吐也不是，快要窒息。狗屎嬸婆的作品像永遠不會中的樂透，想要勉強吃下肚，還得冒著生命風險。

這些年遊走各家廚房，看人下廚的同時，好像也看透了每個人的個性，半點都假不了。家裡的餐桌上只要出現傳統食物，家人就會先問是誰做的，一說是竹筍姑婆、菜瓜嬸婆，一下子就被掃得精光。但如果說是狗屎嬸婆做的，放到發霉也不會有人靠近。

在農村，用食物去認識一個人，可是非常精準的呢！

學做四十八小時的米麴褓母

在宜蘭，第一次看到米麴，是因為做豆腐乳，需要用到糙米麴。初識的第一印象，只覺得那一團外表看起來黃黃綠綠，好像長了毛的米，摸起來鬆鬆軟軟，完全不像可以食用的東西。但是梅雨過後那一段時節，宜蘭的市場上到處都在賣這樣的米麴，看久了似乎也見怪不怪。

後來，自己愛上做豆腐乳，便開始學著製作糙米麴，完全自然採菌，不用撒任何麴粉。在溫暖潮濕的夏天，把糙米煮熟放在通風的室內，蓋上絲瓜葉就可以自然採菌。讓米麴保持在一定溫度下，不要太冷，也不能太熱，菌種就會活躍、茁壯。

一直覺得照顧米麴的心情，有點像看顧嬰兒，有時候不放心，半夜還要起床看一下米麴寶寶的狀態。通常溫度過低，就要把米麴兜在一起，像座小山一樣；如果溫度太高，又要把它們打散，好讓溫度降下來。就這樣兜成堆再打散、打散又聚攏，重複類似動作，經過三到四天，自然採菌的糙米麴就完成了。

做過好幾回自然採菌的米麴後，聽說還有一種「抱麴」做法，感到十分好奇。「抱麴」這個名詞是從住在村子裡的一位日本移民口中聽來的，這位移居深溝的日本女孩，十分熱衷於製作發酵食品。我在她居住宜蘭期間，常常和她一起做料理或發酵食物，交流台日各種好玩的食物，對愛做菜的我們來說，真是一段美好時光。

初聞日本女孩口中的「抱麴」，心中畫了大大問號：這是哪招啊？立刻發揮追根究柢的精神，問個水落石出。原來，這是日本女孩從住在澳洲的朋友，學來的養麴妙招。她的朋友旅居澳洲期間，因為太思念味噌滋味，就用日本帶去的長白菌粉，自力救濟做出了米麴，再用米麴來做味噌。但是對於製麴來說，澳洲的天氣不是太冷就是太熱，這位朋友不知如何拿捏米麴的生長溫度，加上遊澳旅途中經常移動，沒有辦法在同一地方待太久。於是，他乾脆把撒了菌粉的米飯包起來，抱在身上，像懷孕的媽媽一樣日夜用體溫呵護，沒想到米麴意外大成功。

從此，這位朋友在世界各地旅行時，經常順道教大家製作抱麴。但是，當日本友人為我示範製作抱麴時，我見她瞬間變身懷孕大媽的模樣，幾乎笑歪了腰。為什麼做抱麴會像懷孕呢？做個米麴需要犧牲這麼大嗎？有，絕對有需要！因為真的很有趣啊！於是，有一天招來眾小農，開起「抱麴實作課」，讓大人小孩一起體驗做麴的樂趣。

實作課堂上，大家先將浸泡過宜蘭湧泉水的友善米蒸透，之後四人拉起一大張棉布，讓蒸熟的米在棉布上抖動、跳舞（其實是為了降溫），等降到約略比體溫高一些時，再把來自京都的長白菌粉，均勻撒在米飯上，米繼續不斷抖動、跳舞（這次是為了讓菌粉可以平均附著在米飯上）。接下來，就趁著布滿菌粉的米飯還溫熱的時候，快速用紙袋包起來，外面則用透氣棉麻布再包一層，最後用一條長到可以環繫在腰間的長巾，把米包綁在肚子上（完全複製了孕婦模樣），如此整整「孵」四十八個小時，米麴就完成了。

過程中，當然還是要視米麴寶寶的狀況，太熱就鬆開散散熱，太冷就要在外層再多加件包覆的衣物，四十八個小時黏在身上（除了洗澡外）的米麴寶寶，真的像被媽媽仔細呵護的嬰兒。這樣一個與食物零距離的實作過程超級療癒，所有人都公認是最奇特的製麴經驗，讓人感動。

對我來說，用自己生產的友善耕種稻米，跟朋友一起做麴，看著生米煮成熟飯，熟飯變成米麴，過程轉換本就不可思議。都說現代人冷漠，我想是因為距離感使然，人跟人有距離，人跟食物、作物同樣隔著鴻溝，陌生感油然而生。如果可以拉近一些，像抱麴一樣縮短彼此之間的距離，或許就可以讓現代人的生活更多些溫度了吧！

宜蘭人度小月，用米麴釀鹽麴

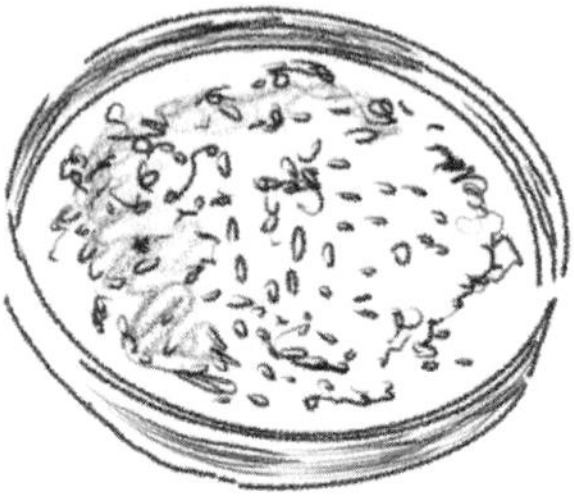

宜蘭的地理位置決定了它與眾不同的命運。尤其在氣候上，完全獨立於台灣其他區域，只要一發佈颱風警報，宜蘭人全都繃緊神經，而西部人則幾乎無感，時常讓我們有身處另一個時空的錯覺。

回到宜蘭這二十年間，我早練就一身神算功夫，只要得知颱風切入的地點跟角度，就知道這次風災影響的程度。如果是從南澳以北到三貂角以南之間登陸，大家只好摸摸鼻子，乖乖地把長期閒置於屋外的鍋碗瓢盆和其他雜物，全都收回倉庫內，否則等颱風過後，便是變相的全部出清，一件都不會剩下來。

此外，先生也常笑著和想搬來宜蘭居住的朋友說：「請先來體驗一次原汁原味、不摻水的颱風後，再決定要不要當宜蘭人！」為什麼是原汁原味不摻水呢？因為颱風如果直接從上述角度切入宜蘭的話，氣象局說十四級暴風就是十四級，威力絕對不會減去半分半毫。而宜蘭特立獨行、我行我素的氣候，不僅止體現在颱風天。舉例來說，在秋末冬初之際，我和南部友善小農朋友常有這樣的對話：「最近還有菜可以吃嗎？」朋友問。

「當然沒有哇！秋天的暴雨下了兩次，菜苗都全軍覆，沒啦！」我一逮到機會便一直哭妖，希望朋友伸出友誼之手。

「好啦！好啦！莫擱哭啊！最近我家的雞吃菜也吃到有點煩了，我把雞吃不完的菜寄一些給妳好了！」

完全能隔空想像小農朋友的土豪嘴臉，雖然很想罵他沒有人性，但人在屋簷下不得不低頭，誰叫我實在好想好想吃雞的剩菜啊！

「你做人真是太好了！幫我謝謝你家的雞，我愛牠們！」

因此，家裡常常會有來自南部友人的救助物資，尤其正值季節轉換，青黃不接的時刻。從前長輩常說「生食都無夠，哪有通曝乾。」指的便是這種時節吧！

在這種「艱困時期」，無論想做什麼醃漬或加工食品，都會面臨巧婦無米可炊的窘況。但是料理人的手無法閒著，怎麼辦呢？聰明的料理人總有辦法——這一季要做的材料，上一季就先準備好。記得本書中曾提到的抱麴嗎？米麴雖不能直接食用，碰到宜蘭的釀造加工淡季，正好把它從冷凍庫請出來，讓米麴回溫甦醒，再把它變成鹽麴，就可以為料理增添風采。

鹽麴的作法很簡單，只要掌握好比例，以 1:1:0.33 的比例調和米麴、水和鹽，將它們全部混合在一起，每天攪拌一至二次，大約十到十二天就可以完成，放在冷藏庫約可以保存半年。鹽麴可以

拿來醃肉、炒菜、煮湯，用途廣泛。它是一種發酵調味品，可以分解蛋白質，軟化肉質，為菜餚提供鹹味之外，更有層次的獨特風味。

當然，在宜蘭也常有豐收時節，譬如葫蘆瓜（即瓠瓜）大出，就可以拿來做葫蘆瓜乾、冬瓜可以製成醬冬瓜、蘿蔔曬成蘿蔔乾、紅心芭樂曝曬過太陽後，變成紅心芭樂乾，拿來泡茶滋味一流。這些加工品不用全部自己動手，不管哪一位鄰居、親戚、朋友，其中一定有人會做，他們都會當成伴手禮送我。

身在宜蘭，雖然偶有風雨，也會碰到作物空窗期，但大家總是趁豐收時期備下存糧，幫我度過看似沒有收穫的淡季。每逢宜蘭的小月，卻總是我收穫最豐的季節。

從此馴服醬油浪子

宜蘭諸多發酵手藝中，釀製醬油是我最害怕的項目，其中一開始的發豆麴，就是門大考驗。沒有實際動手發豆麴之前，因為對發米麴已經有成功經驗，心想，黑豆不過是大一點的米粒，應該不難吧！動手試做之後才知道，簡直天差地別，完全是天堂與地獄的差距。米麴用的是有薄薄米糠層的糙米；黑豆則大不同，簡直就像古代穿上厚厚盔甲的戰士，超難對付。

宜蘭在地釀製的醬油，主要以蘭陽平原種植的小種黑豆為主要材料。製作時一樣要先把黑豆煮熟，曬到一定的乾濕度，再開始用自然採菌方式製做豆麴。黑豆要煮透，卻不能破，需要很大的耐心和時間配合。大概半夜三點就要起床煮豆子，還要確認當天的天氣必須晴朗，不能是陰天，更不能下雨。因為豆子煮好後，要馬上曬乾，才能進行採菌發麴的步驟。

除了天候影響，煮熟的豆子在曬製過程中也有不少講究。如果曬得太乾，無法順利發成豆麴，只能變成很乾的豆子。但是，濕度太高也不行，經過一晚，豆子馬上變得黏乎乎，發出像納豆般的發酵味道。深深覺得發豆麴的心情，很像等待彩券開獎，不是損龜沒中，就是成功中大獎樂得笑呵呵。

關於宜蘭的醬油，有位學化工的宜蘭在地朋友，提出一針見血的看法。他說，宜蘭醬油不過就是一缸很鹹的黑豆水。乍聽這個結論很震撼，卻也解開我多年來做醬油的疑惑和心結。記得當年初釀醬油處女作開缸那一天，心情既興奮又沮喪。興奮的是，終於獨立完成自釀醬油這個大工程，非常有成就感。沮喪的是，怎麼那麼——鹹啊！鹹到我懷疑人生，直覺把這瓶醬油放在家裡，用上個十年大概都用不完。明明加了很多冰糖跟最高等級的麥芽糖，怎麼會這麼鹹呢？心裡的OS越來越多，為了消化這批鹹醬油（必須消化完，明年才可以再釀一次），鼓起勇氣把部分醬油送給比較熟識的朋友，並且叮囑他們，使用時千萬記得手下留情，否則鹹死人概不負責！

不知是老天爺可憐我，還是朋友們太有慧根，得到的回報反應竟出乎意料地好，大家都說宜蘭醬油不適合直接沾食，但用滷或加熱炒過，都散發出獨特豆香，好吃極了。後來，經那一位化工專業友人的解答才知道，宜蘭的醬油礙於天候關係，只能在每年梅雨過後，颱風季正式來臨前（宜蘭天氣最穩定，陽光最充足的一段時間），抓準時機快速做出來。基本作法多是用阿嬤時代留下來的甕缸，搭配祖傳方子，一定量的豆麴，配上粗鹽跟水。有時忍不住猜想，如果一代傳一代的甕缸不小心破掉了，那個比例還會一樣嗎？

宜蘭醬油的發酵時間短，高溫多濕的環境容易滋生雜菌，所以大多採高鹽分的釀造法，以防止腐壞。這樣一來，就導致豆子在高鹽跟短期發酵下，豆類蛋白質無法有效轉化成胺基酸，因此，沾著吃「不甘」，甚至到「死鹹」程度，但用它來滷煮食物的時候，反而可以因為長時間燉煮，讓豆子裡含藏的豆香盡情釋放出來，變成一絕。透過科學印證，讓我對辛辛苦苦生產出來的醬油，有了迥然不同的看法。後來還把自己釀出來的醬油，定位成「ＰＲＯ」級別，只有會做菜的料理人士，才夠資格用我的醬油（只能對不起普羅大眾了，我的醬油只能沾白斬雞）。

前兩年，我特地找了「四合院」釀造老師，來教我醬油的釀造科學原理，從此更愛上宜蘭醬油，除了抓準鹽分比例（這一點很重要，是醬油不會釀壞的關鍵），還調整了釀造時間，雖一切還在實驗階段，但隱隱約約有那麼一點專業感出來了。

之前，釀製醬油總好像不明就裡，釀出美味的醬油也不知其所以然；開缸後發現味道不那麼令人滿意，也找不出緣由。懂得原理之後，在醬油釀造這條路上，總算有進了一階的感覺，不再是豆子配鹽配水配甕缸的比例都是「量其約」（就是大概、大約的方式），只能放任豆子在黑漆漆的甕缸裡自生自滅。

現在釀醬油，有點像等待野放的孩子回家的心情，比較篤定、比較自信；而那缸靜靜等待發酵的黑豆，則像浪子回頭，比較馴服，比較受教，頗有那麼一點苦盡甘來的況味。

我的平安好夥伴
—— 平安粥

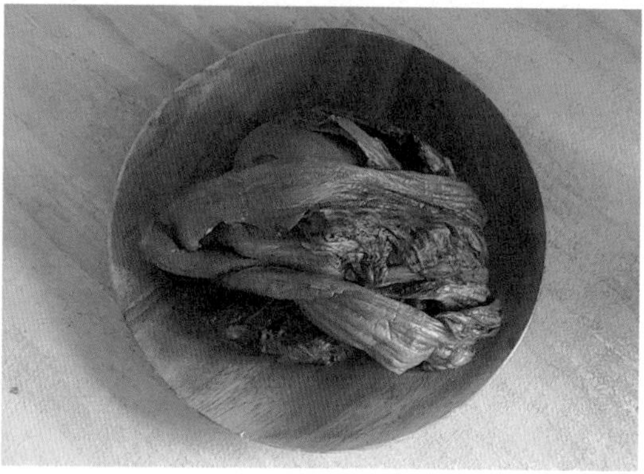

外地人說起宜蘭人的性格，不外乎外冷內熱、生性節儉，又愛辦流水席。我覺得，這是不了解蘭陽人的緣故。其實宜蘭鄉親只是比較重視傳統，這一點，從每年過年廟宇請吃的平安粥就可以看得出來了。

一開始回到家鄉過年，年初一到村子口的廟宇拜拜、安太歲、求平安時，時不時都會遇到左鄰右舍、親朋好友。一路上，三嬸婆、五叔公親切招呼著：「呷平安粥喔！呷平安。」當時心想：村裡的三官宮真費心，大過年不但煮粥請大家吃，喝完粥還有免費的黑糖薑茶可以飲。後來，孩子進了學校，跟地方媽媽們熟稔活絡之後，才發現媽媽們過年期間，居然都會揪團，到縣內各廟宇吃平安粥。她們心裡各有一本美食米其林：「那個ＸＸ宮的平安粥好好吃、靠海的ＸＸ廟的粥裡會加海鮮耶、ＸＸ寺今年煮的比去年美味……」這才知道全宜蘭居然有一兩百間宮廟，都會在過年期間，提供平安粥，讓上門祈福的信眾吃平安。

這些粥口味繁多，有素粥、葷粥、甜粥、加湯圓、加海味……每一間寺廟都有不同的煮粥秘方，有的會把飯先煮好，再另煮湯料，湯料煮好之後勾芡，要出餐時，把飯加到勾了芡的湯料裡，就是一鍋料豐味美的鹹粥。這個方法真的很聰明呢！因為粥煮好後，放久了會越來越稠厚，慢慢失去原有美味。大量煮粥的時候，採用分開處理方式，可以避開這個風險。不得不說，這些幫寺廟做義工的信眾們真的很用心！

跟著地方媽媽吃遍宮廟後，我對花樣百出的鹹粥越發喜歡。最神奇的是，隨粥上桌的還有許多樣配菜：自醃酸菜、宜蘭黃蘿蔔乾、豆腐乳、醬油漬小黃瓜、醃辣泡菜、醃大頭菜、濕式發酵黑豆豉……，每一樣都是來自不同家庭的手作，來自每一位村民的誠意，每一味都是智慧的結晶，堪稱發酵、醃漬、釀造大集合。偶然有一次，在村子裡的三官宮平安粥席上，吃到一味酸菜非常可口，完全呈現自然發酵的酸香，又有與眾不同的香氣，忍不住立馬請教

起同桌的婆婆媽媽們。婆媽們教授的酸菜醃法很簡單，但與傳統醃漬法略有不同，原來是一位很有實驗精神的嬸婆，在傳統技法上，再添一筆創意的神來之作，完全吻合我愛創新搞怪的癖好。

問到了做法，立刻回家實驗。製作時，先把盛產的大芥菜稍微洗淨，風乾一天。同時準備一缸薄鹽水，鹽鹹度不要超過百分之二，把風乾的菜葉完全泡在鹽水中，用石頭壓住，不要讓菜葉浮出水面。這時候同時入缸的，還有嬸婆的秘密武器：養樂多。把乳酸飲料加進缸中，不但加快發酵速度，而且好菌多多，有助產生不同風味，這個發想真的太酷了，完全是傳統與現代的完美結合，不學起來著實可惜。

每一年，我都很期待著年節到來，尤其廟裡初一到初五的平安粥，還有充滿競技味道的多樣小菜，因為村裡的釀造達人，都會在這一年一度的平安粥大會上大展身手。也讓我想起旅日的短暫時光，每逢元旦造訪寺廟，廟方都會提供免費的甘酒，一樣是溫暖人心的食物，一樣是發酵後的美味。

現代人說起古法、傳統，總有一種懷舊卻又有不太想靠近的距離感。就像吃淡不吃鹹，講求吃原形食物，不吃加工品，連帶將充滿活菌的傳統釀造食物拒之門外，卻另掏腰包購買益生菌膠囊。飲食與保健似乎擺盪在生技食品與傳統發酵間難以平衡。

其實傳統與科技沒有孰好孰壞的二分價值判斷。現代人的生活已然飛躍到了以往不敢想像的境界，記得有句廣告詞是這麼說的：「世界越快，心則慢。」在這個變幻莫測的世界，新年伊始，在台灣宜蘭的一個小村莊，一間小寺廟和一碗平安粥中，我看到了世界的快，但心可以慢。

來醃好菌多酸菜

材料 芥菜1kg、鹽20g、水1公升（鹽度不要超過2%）、養樂多2罐

工具 竹篩、重物（石頭）

作法

1. 先將芥菜葉一片一片分開，洗淨後，置於竹篩上風乾一日。
2. 在容器中放入少許鹽（鹽度不要超過2%），真的只要少少的鹽，才能讓酸菜變酸喔！
3. 把風乾的芥菜完全浸在薄鹽水中，不可露出水面，否則接觸到空氣會發霉。
4. 加入秘密武器養樂多，養樂多會促進發酵速度，並增加風味。
5. 為了保證芥菜不接觸空氣，上方可以蓋上耐酸的厚塑膠布（也可以省略），再用一個重石壓住，確保菜葉不會浮出水面。醃約15～20天，視當時的氣溫而定。溫度較高則醃製的速度較快，反之亦然。溫度不變，醃製時間愈長酸度愈高，可以依照自己的喜好控制。

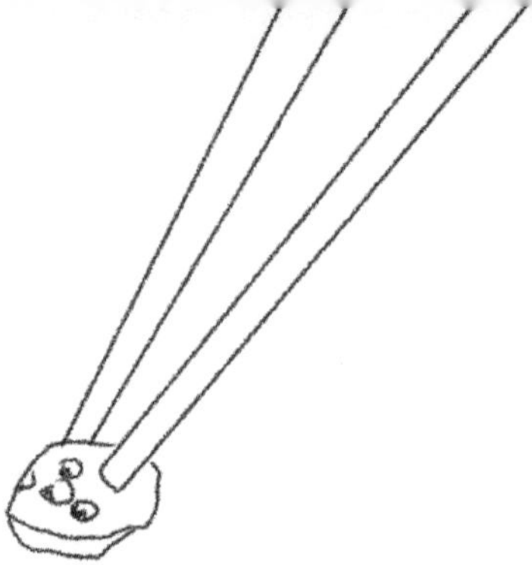

自製豆腐乳

材料

豆腐胚塊 10 塊、二砂糖 2 斤、米麴 1 斤、
20 度米酒 600ml

準備工具

竹篩、玻璃瓶

作法

1. 將市場上買回來的豆腐胚塊放入滾水中稍微燙一下撈起來瀝乾。
2. 將燙好的豆腐胚塊放在竹篩上，在太陽底下日曬，讓水分蒸發。日曬時間約半天，視買回來的胚塊乾濕度調整。
3. 準備製作豆腐乳的前 3 天，先將米麴、糖和酒混合均勻，讓糖充分溶解後變成醬汁。
4. 把曬好的豆腐胚塊放入乾淨的玻璃瓶中，一層豆腐一層醬汁，最後要把醬汁淹過豆腐塊蓋好瓶蓋。靜靜等待 4 個月後就變成熟成的豆腐乳可以食用了。

自釀濁酒

材料

米麴 300g、山泉水 750ml、白米 300g、乾酵母 3g、檸檬汁 22ml（米：米麴：水 =1：1：2.5 ）

準備工具

玻璃瓶、攪拌棒、濾網

作法

1. 備好剛做好的新鮮米麴、取回山泉水。
2. 另外準備要釀酒的米，先浸泡半天，再隔水蒸透，稍微放涼後備用。
3. 蒸熟的米、米麴和山泉水一起放進乾淨的玻璃瓶中。
4. 充分攪拌均勻，並蓋上蓋子，因為發酵會產氣體，不要把蓋子鎖緊，稍微蓋上即可。
5. 第二天再加入乾酵母跟檸檬汁（調整酸鹼度），每天攪拌，在室溫為攝氏 15 度時約 10 天左右可以熟成為濁酒。
6. 過濾掉米的渣渣，把酒液倒入新的瓶中，放進冰箱可以減緩發酵速度，趁新鮮喝完，有沉澱物是正常現象，可搖晃後再飲用。

TIPS
- 檸檬汁是用來調整酸鹼度。
- 材料中的水的比例可以視自己的口味而定上下調整。

土煉納豆

材料

友善黃豆約 300g、無農藥栽種的乾稻草稈（用雙手握起一把的量）、天然麻繩

準備工具

乾淨的毛巾、保麗龍箱、寶特瓶

作法

1. 將稻稈前後用麻繩綁緊，多餘的部分剪掉，再將稻稈束壓進滾水中，煮沸 15 分鐘，即可撈起瀝乾水分。
2. 把蒸熟的黃豆放進煮過的稻稈束裡面，再用乾淨的毛巾包覆起來。
3. 放入保麗龍箱內，再放進一瓶裝有約攝氏 50 度溫水的寶特瓶，每隔 6 ～ 7 小時換一次溫水，讓發酵箱持續保溫。
4. 經過約 36 小時的發酵後，可以看見黃豆長出白色的菌絲，也開始有納豆味，這樣納豆就完成了。
5. 把納豆從稻稈中取出，加上日式醬油、芥末醬調味就可以食用。

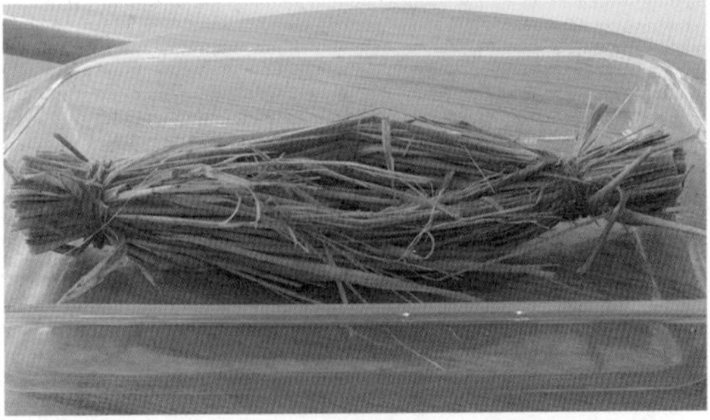

製作米糠床

材料

友善耕作的生米糠 300g、含有礦物質的水 300ml、海鹽 39g（比例是 1：1：0.13）、香菇、昆布、辣椒、菜葉與切掉不要的菜渣（比如白蘿蔔皮或是不要的高麗菜葉）

準備工具

乾淨的容器

作法

1. 把鹽倒入水中，攪拌至溶解後，再倒進米糠中攪拌均勻。
2. 在米糠中放入香菇、昆布、辣椒，再加入少量的菜葉及不要的菜渣，確實將這些東西都埋進米糠床中。
3. 用手拍拍米糠床，將米糠床中的空氣壓出，並將容器的邊邊角角擦拭乾淨，以防發霉。
4. 每隔 4 天取出菜渣，再放進新的菜渣，持續兩週，即養成可以做米糠醬菜的米糠床了。

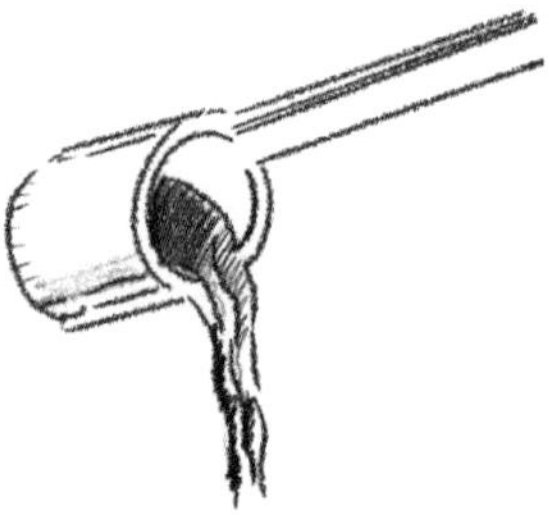

自釀醬油

材料

黑豆 10 斤、海鹽 6.5 斤、水 12 L、絲瓜葉或埔薑葉 8 ～ 10 片

準備工具

乾淨的大陶甕

作法

1. 先煮熟黑豆，並將其曬乾至手握豆子不會成團的程度。曬醬油的時間比較有彈性，大約 20 ～ 40 天，視太陽多寡而定。有太陽的日子多就少曬幾天，日子少就要多曬幾天。
2. 自然採菌製做黑豆麴，可以用絲瓜葉或埔薑葉覆蓋，大約需 4 ～ 6 天完成。
3. 找一個好天氣，將豆麴、海鹽、水，放入陶甕中拌勻，拌到海鹽充分溶解。之後只需要每天晨起攪拌一次即可。大太陽的天氣連續 17 ～ 20 天就可以收成了。
4. 熟成後將豆汁倒出，過濾至無殘渣，即成為生醬油。
5. 煮生醬油，開大火並撈除浮沫，轉中小火（保持沸騰狀態）至少 4 小時，直至完全變為「熟醬油」。

來做抱麴

材料

米 600g、長白菌粉 3g

準備工具

胚布、紙袋、透氣的棉麻布、可繞腰的長布巾

作法

1. 先浸泡米，夏天約 4 個小時，冬天約浸泡一個晚上。將泡透的米用蒸籠蒸熟，大約一個小時左右，重點是要把米蒸透。
2. 將米飯放在胚布上，降溫至攝氏 36 度左右（跟體溫差不多），然後均勻撒上長白菌粉。
3. 將布滿菌粉的米裝入紙袋，外層再包上透氣的棉麻布。
4. 最後緊緊的用布綁在身上，一起度過 48 個小時（期間米麴寶寶溫度過高時，打開散熱，重新再包裹好綁在身上）。
5. 最後打開米麴時，會呈現白色塊狀，這時候抱麴就完成囉！

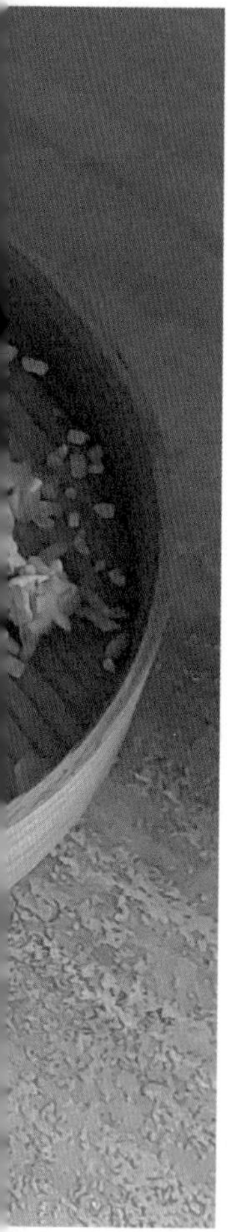

製作鹽麴

材料

米麴：水：鹽 =1：1：0.33

作法

1. 將米麴、水、鹽按 1：1：0.33 的比例全部混合在一起。
2. 每天攪拌 1～2 次，大約 10～12 天就可以完成。
3. 將鹽麴放在冷藏庫，可以保存半年。

九層炊

材料

在來米 300g、水 300ml、砂糖 30g、蔥少許、胡椒少許、鹽 15g

準備工具

一個有蓋的深鍋、一個淺的鐵盤

作法

1. 將在來米泡水半天，再用等比例的水用磨漿機或果汁機，把米打成極細的米漿。
2. 把米漿分成 2 份，一份加入用水溶解的糖水，一份加入爆香的蔥、胡椒、鹽水。
3. 架一個淺的鐵盤在有蓋的深鍋裡，以隔水加熱方式炊粿。
4. 水滾後，先倒入薄薄一層甜米漿，蓋上鍋蓋，待一層蒸到熟透，再倒一層。
5. 如此反覆一層又一層地炊熟米漿，直到甜的和鹹的米漿都蒸熟。
6. 取出放涼，即可切開食用。

CHAPTER
4

海味與肉

曬吧！豔陽下的小蝦米

我在村裡結交了一票長輩朋友，彼此的日常問候不是「呷飽未」，而是「醬油做了嗎？」要不就是「炊粿了沒？」

雖不是什麼浪漫語言，卻充滿季節感和土地的氣息。像是釀醬油一定是熱到爆的仲夏，炊菜頭粿肯定要等到快過年，冷到發抖的隆冬時分，所有的問候話語，隨時節、氣候或因應作物大出而有所變化。

平常日子，幾乎都是我追著老人家東扯西問，沒想到有一回，我在院子裡曬蝦米的時候，嬸婆竟好奇跑來觀摩。一聊之下才知道，做醬油、炊粿手藝一把罩的她，竟然也有陌生的傳統手藝。

我之所以學會曬蝦米，全賴一位從小在南方澳長大的大姐。有一天，我和南方澳大姐聊天，她突然提起童年往事，無奈說著自家每天餐桌上的菜色都一樣，不是魚就是蝦，要不就是螃蟹，實在吃到怕。大姐說：「每天吃，真的很無聊又沒胃口耶！」

聽她這麼一說，差點笑痛肚皮。雖然知道縱使是宜蘭這樣的小地方，每個人的生活還是會有貧富差距，過的日子也不盡相同，但光是小小的蘭陽平原，農耕種植者的生活，與海邊打魚維生者的日子就有如此大的差異，卻是過去我從來沒有意識到的。

農耕人家的飲食，經常是蒲瓜、菜瓜吃到臉都綠掉，只好擔著菜到市場，好賣錢換些魚、肉回家加菜；在港邊生活的漁民，則經常拿著自家捕撈的漁獲，去跟隔壁鄰居換蝦、換蟹，還嫌吃到煩膩，是不是感覺相當奢侈呢！一樣住在宜蘭，身處差不多年代，生活樣貌竟如此天差地別，讓我忍不住猜想，靠山吃山的原住民，會不會也有山豬、山羌、飛鼠吃到膩的一天呢？

後來，大姐提起自家夏天曬蝦米的景象。她說，要選一種特別尺寸的蝦，不要太大又不能沒肉，而既然要日曬，就一定要選在宜蘭最炎熱，有日頭曝曬的盛夏進行。買了蝦回家，先用鹽水稍微燙熟、瀝乾，再把燙熟的蝦放到水泥地或竹篩上攤平，用最炙熱的陽光曝曬三、五天。

大姐口中曬蝦米的壯觀畫面，立刻攫住了我的心，很好奇豐腴小蝦是怎麼變身為乾扁蝦米的。於是，在夏天剛開始的時候，找了一天衝到南方澳漁港，東逛西看尋找我要的獵物，突然看到一大桶小蝦，旁邊圍著一群阿姨，很認真地剝著蝦殼。

我趕忙屈身向前詢問：「請問可以買兩公斤的小蝦嗎？我想拿來曬蝦米。」

「沒辦法喔！全部被買走了！」

「請問什麼時候才能買得到呢？」我不放棄繼續追問。

「明天十二點半來等看看囉！」阿姨們好心指點迷津。

第二天十二點半，依約來到港邊，又看到阿姨們，連忙問：「今天有蝦嗎？」

她們說：「船快要進來了，進港後才會知道，妳不要趴趴走，在這裡乖乖等喔！」我知道阿姨們讀出我勢在必得的決心，決定幫我搶小蝦了，心裡很是感激。

那一天，在漁港邊跟阿姨們一起等待漁船入港，聽著她們閒話家常，話語間直來直往、乾脆俐落，沒有拐彎抹角。初聽或許不是

那麼順耳，聽習慣了卻也有一種乾脆不囉嗦的爽快，就像昨天蝦賣完了，她們直接了當說「沒蝦」；今天說「有蝦」，就一定想辦法幫我搶到手。

由此也發現，農耕者與捕魚郎氣質上有很大的不同。耕作者的氣質像牛，溫溫馴馴、不疾不徐，就算歲月停止了，好像也與他無關似地。長年在海上拚搏的漁民則像鯊魚，海裡來浪裡去，說不準什麼時候就回不來了，個性非常鮮明，彷彿每天都要活個透澈明白，沒什麼灰色地帶，喜歡就喜歡，不喜歡頭也不會回。

那天，提著阿姨們為我熱情搶到的蝦，一回家馬上照表操課，曬起蝦米來。因為從來沒有曬過，心裡有一點忐忑，怕失敗把整鍋蝦都報廢了，但憑著南方澳大姐拍胸脯保證：「曬蝦米不會有問題的，只怕曬完會有失落感而已。」我便大膽嘗試起來。

蝦子在大太陽下，翻翻曬曬了三天，曬到蝦殼跟蝦頭都分離了，把殼跟頭比較硬的部分篩掉後，真的收穫滿籮筐紅得發亮的蝦米！拿起來試吃一口，感覺像零食一樣，鹹中帶有甘甜的大海氣息。

曬完蝦米，終於知道為什麼會有失落感了。因為蝦肉中的水分都被烈日蒸發，兩公斤的蝦曬完之後，只剩不到兩百公克，還不到原來的十分之一，雖留下一身濃縮的鮮美，但心裡還是難免——一半開心，一半失落。

漁港海味一夜干

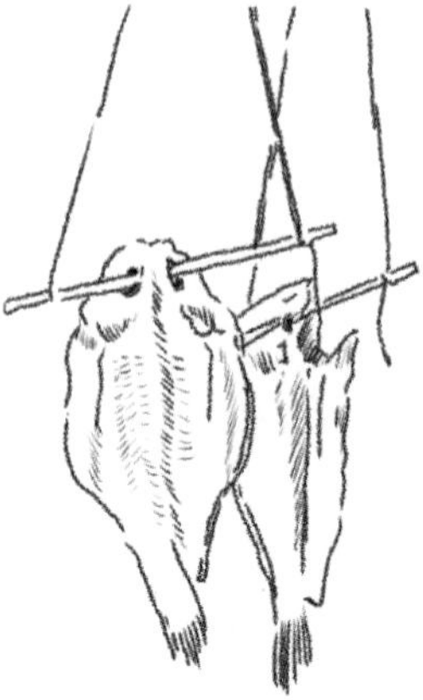

在宜蘭，南北兩頭各有一個不算小的漁港——北邊的大溪漁港、南邊的南方澳漁港。在村裡種菜、養雞、養貓、養小孩到有點煩悶的時候，我最愛到海邊漁港轉轉。

驅車不過半個多小時，就來到充滿潮騷味的海邊，場景立即轉換成無邊無際的大海模式，耳邊傳來陣陣催人欲睡的海浪聲。相較於寧靜的農村田間，海邊給人的感受則天差地別，該怎麼形容這種差別呢？親自走一趟漁港就能心領神會。

海港邊，每天漁船進進出出，入港現撈的新鮮漁獲很多，但有什麼魚卻不一定，有多大的魚也說不準，當然更不能肯定會有多少漁獲量。常常覺得逛漁港的心情像抽獎，能不能中獎全憑運氣，因此格外刺激。

第一次找朋友一起逛漁港，看到鮟鱇魚本尊時，簡直就像中了頭彩，雙眼發亮，彷彿主廚看到高級食材，有一種不買就虧大的感覺。那一天也不知道哪來的自信，一口氣買了三條鮟鱇魚回家。從殺魚開始親力親為，剖開魚身，取出內臟，聽說鮟鱇魚肝最好吃，同時順手把魚身切塊，煮成火鍋。那一次的鮟鱇魚火鍋料理，事隔二十年仍令大家念念不忘。

魚從海裡捕撈上船，從船上運到陸上，再從漁港來到家裡，看似一段漫長路程，但在一口吃下鮮美魚肉的同時，心立刻飛到魚的故鄉太平洋上，會如此念念不忘，其實就源於這是一種感動吧！

在蘭陽平原的這個海灣有黑潮經過，還有沙礁等特殊地形，讓漁獲非常多樣，而且種類豐富。例如大溪漁港就有金鉤蝦、紅目鰱、白帶魚、肉魚、小管、鮟鱇魚、鬼頭刀等等。連帶也發展出特有的白帶魚捲、鬼頭刀魚丸等特產。

南方澳漁港又有不同風情，這裡可以邊吃海鮮、邊看漁船，還有拜媽祖的行程，每逢週末假期總是人聲鼎沸，彷彿來到一個盛大的祭典。南方澳是一個歷史悠久，將近百年的漁港，走在港邊就可以感受到歲月嬗遞的痕跡，逛漁市的同時，還可以順便感受媽祖廟的香火鼎盛。全台灣鯖魚產量第一名的漁港，就是南方澳，每到秋冬季節特別肥美。近年來，每逢九月到十月中舉辦鯖魚節，鼓勵國人多吃本土「尚青ㄟ鯖魚」。

其實在南方澳，我最驚艷的記憶，是吃到新鮮的鬼頭刀魚湯。在宜蘭人心中，鬼頭刀算不上是優質魚種，抓到了頂多拿來做成魚丸。但是，有一次我在南方澳，隨便找一間在地小店，走進去點了一碗魚湯，啜飲後整個味蕾都被驚艷到了。馬上問老闆：「這是什麼魚？」

老闆回：「就是鬼頭刀啊！」但這個口感跟味道，完全顛覆我對鬼頭刀的印象。

老闆解釋，魚就是要吃新鮮現流的，還要吃對季節。對於我這個海鮮小白來說，真是上了寶貴的一課。原來再好的魚，不新鮮是沒有用的，看來不起眼的魚，只要吃對時間、吃得新鮮，完勝任何高級食材。

對於生活在漁港邊的人來說，這些新鮮當季的鮮魚、鮮蝦，都是再尋常不過的家常菜，大出時節吃膩了，一樣會曬成魚乾、蝦米，做成鹹魚等加工食品保存起來。其中印象最深刻的，是把小隻的小管，醃漬成很鹹的小管乾，童年的餐桌上偶爾會出現，大概夾一隻小管到碗裡，就可以配上大半碗白飯。

一般人在家料理鮮魚，不是煎就是蒸，費工一些可能會做成紅燒。後來到日本生活之後，發現日本人很會料理鮮魚，不但把最新鮮的海產拿來做生魚片，還用鹽跟調味料醃漬成一夜干。一夜干的風味，像經過一夜熟成的魚肉，鮮味精華更為濃縮，肉質也變得更緊實，口感不同於生魚片，但跟直接現煎的魚肉也完全不一樣，是我很喜歡的一種簡易魚類加工方式。

此外，在日本還看過一種醋漬魚片的作法，也非常有趣。總之，在漁村有許許多多生鮮海產的醃漬發酵方式，是我很好奇又還沒有機會嘗試過的。

台灣雖然不大，但是靠山、靠海、靠田的每一種生活模式都不一樣，每一種風土都醞釀出不同的生活智慧，在飲食中正好可以窺見其中奧妙。而正是這樣一層又一層的堆疊、一代又一代的傳承，這些庶民生活智慧，經過累積、打磨、淬鍊，最終變成了文化，留予後代學習與致敬。

「提膽來嚐 小米醃生豬肉」

二〇一九年我在宜蘭開設餐廳。自此之後，半路出家的廚娘，正式站上第一線變身廚師。對我來說，這是一個充滿挑戰的工作，卻又好像是難以抗拒的命定選項。

素來愛在廚房弄東弄西的我，特別喜歡拜訪別人的灶腳，問東問西挖掘飲食寶藏，因為我是一個對食物懷抱熱情的人。不過，單純的熱情跟實際經營一間餐廳，卻是非常不同的體驗。正如俗話說的「隔行如隔山」，自己正是這樣傻乎乎地開始了如隔重山的餐廳主廚生涯。

擔任主廚一職後，為了精益求精，我報名參加了生態廚師養成計劃，這個計劃的主要目的，在讓廚師了解台灣物產跟生態之間的關係，直接帶廚師走出廚房，進入產地，透過腳踏實地、親身造訪，徹底了解各種食材的生產過程，讓廚師更接地氣。日後，廚師在挑選食材及做料理發想時，自然就會將菜餚創作、食材跟環境全都串連在一起。

記得一次外訪行程中，我們接觸到宜蘭泰雅族人的發酵食品「小米醃生豬肉（Tmmyan）」，讓我印象深刻極了，甚至封它為「神級發酵食品」。為什麼形容它「神級」呢？因為生活方式跟文化上的差異，原住民的某些發酵食品，對我而言實在太陌生，醃生豬肉一開始就讓我非常抗拒。後來了解到原住民上山打獵的傳統，加上進一步理解其中的文化意涵，內心才逐漸對這樣的發酵方式生出一份敬意。

泰雅族勇士告訴我們，泰雅族人習慣上山打獵，可能一去好幾天不能回家，行進間隨身很難攜帶太多物品，只能帶最低限度的生活物資。這個時候，醃生豬肉就是他們最重要的維生飲食。

經過解說，雖然心裡對 Tmmyan 存有敬意，理性上也慢慢接受，但真要動手嘗試，心理上還是難免抗拒，畢竟理性的接受和直覺的愛上是有距離的。但基於不嘗試就不會有體驗，我仍然閉著眼捏著鼻子吃下生醃豬肉。只能說入口的感覺非常微妙，口感介於生豬肉跟熟豬肉之間，一種酸酸又鹹鹹的味道，充滿陌生感，很難以一句話來概括形容。

當天，大家還認識了採用同樣醃漬法，但材料是溪裡苦花魚的生醃苦花，同樣也是很神奇的醃漬體驗。很慶幸當時自己勇於嘗試，因為這全都是跟平地發酵食品截然不同的，是不一樣的生活背景所產出來的飲食智慧。在那一次課程中，廚師們除了親口品嚐泰

雅部落各種發酵醃漬食品外，還親手做了 Tmmyan 帶回家。

生醃的作法基本上大同小異，主要使用小米（或白米）、新鮮豬肉、鹽、少許酒。先把小米煮到半熟（最好要熟不熟，因為煮爛了就不太好）。然後把豬肉切成條狀或小塊狀，先用一點鹽巴醃起來，最後將放涼的小米跟抓過鹽的生豬肉，一起用手拌勻，最好每一塊豬肉都裹滿小米，然後放進預先備好的乾淨玻璃罐裡，稍微壓實。

教做的原住民老師叮嚀，要把整罐都裝滿，不要有空氣跑進去。最後，灑上一點米酒，把蓋子蓋起來，放在常溫中，夏天大約七日，冬天約兩週，豬肉就會自然熟成，可以開始食用。如果鹽放得比較少，鹹度不高的話，建議放冰箱保存，且一個月內要吃完。

後來，在一次出書過程中，有一個篇章邀請兩位廚師，一起就原住民食材發揮創意做料理，交流主題是「小米」。我交出的作品是「小米梅花炸串」，就是把 Tmmyan 用梅花肉片包起來，外面裹上小米，串上竹籤用油炸熟。

在這道創意菜中，我還是採用了平地人的思考方式，把生豬肉炸熟了，可是合作的泰雅族廚師覺得這是一個很棒的發想，因為他們絕對不會想到把 Tmmyan 烹熟。深深覺得這些原民廚師真是人美心善，竟能接受平地廚師把他們引以為傲的傳統美食由生變熟。但我很喜歡這種交流方式，對現代人來說，吃生豬肉的飲食傳統實在太難接受，能透過創新的料理手法，把充滿智慧的泰雅傳統美食，用一種大家都能接受的方式呈現出來，不啻為一種傳統技法的保存。

其實類似的生醃手法，在宜蘭海邊人家也經常可以看到。像是小卷用鹽、酒醃成「小卷給」，還有醃漬生飛魚卵，都是因應當地生活而有的加工特產，很期待這些不同的傳統飲食智慧，一直都有人延續下去。

台灣擁有非常豐富的生態與物產，這些天生天養的自然環境，正是台灣的最大資產，加上居住在這個寶島上的多民族融合，造就了這裡多姿多彩的豐富面貌。就像生態廚師說的「一口一口，把台灣的好吃回來」。如果可以讓這些傳統飲食手藝有序地延續下去，其實就是一種永續生活的美好經驗呢！

煙燻臘肉催年味

從小，我對年節就沒有什麼特別感受。逢年過節頂多放放鞭炮、點點仙女棒，再領個紅包，就算是意思到了，年也過完了。

自從領著兩個小孩，攜家帶眷搬回鄉下那一刻起，全家人就進入了農村時序，逢年過節開始有了不一樣的意義。廟裡看戲拜拜、磨米做粿、包粽吃湯圓，彷彿從二十一世紀，一腳跨進十九世紀，生活發生巨大轉變，身分也從都市人正式切換成農村人。

大多數人不太能理解，從台北搬到車程只有一個小時的宜蘭鄉下，生活能有什麼巨大轉變？對我這個食物狂熱份子來說，在農村生活最大的體會是——食物是來自大地的禮物，是上蒼的恩賜。一飲一啄緊扣土地、風土、人情，是我在日常飲食中獲得的最大感動。

在鄉下過日子，不需要看月曆也能知道時序移動的腳步，往往從日常對話中，就能嗅知年節氛圍。二十年前搬到農村後，我跟鄰居長輩的對話常常如下：「菜頭粿做了嗎？菜頭最近貴森森，先莫做菜脯啦，等過一陣子落價，嘛較好食的時陣再做，較袂嘜無彩錢。」只要看到「菜頭」這個關鍵字出現，不必翻日曆也知曉隆冬靠近了，要過年了。有時候想，或許現代人感嘆的缺少年味，就藏在鄉下這些尋常的問候與人情味中吧！

宜蘭人過年的重頭戲，應該算是灌製臘肉、香腸，這可真是一門費時、費工又吃重的手工活兒。首先，主婦們要上市場，找到在地個體戶飼養一年以上的熟齡黑豬五花肉。要知道年前上市場本就是件苦差事，年節將近，家家戶戶對豬肉都有龐大需求，拜拜、加工不一而足，市場上可以說一肉難求。這個時候，想要搶到心目中的優質豬肉，絕對要靠關係。跟肉攤老闆平時維繫良好交情，逢年過節就不用發愁。記得我曾經為了醃製臘肉，不惜一大早四、五點就奔赴肉攤，非得親眼看見一大片又一大片的五花肉落袋，才安心回家。

這家我主要光顧的肉攤，老闆對自己賣的肉特別有愛，之所以找到他們，是在地宜蘭朋友的大力推薦。攤位並不在傳統菜市場的精華地段，而在市場附近某個沒有攤商菜販聚集的十字路口，整個路口只有一攤放山雞，以及這攤宜蘭黑豬肉。

肉販夫妻已年過半百，外表看來斯斯文文，著實不像市場上的武市肉販。聊天後才知道，這是老闆娘的父親留下的攤位。她說，父親為她留下這個豬肉攤跟一批老客人，老闆娘回憶：「父親重視每一位上門的客人，處理豬肉毫不馬虎。」從小跟在父親身邊看到大的她，接手後也這麼看待她的豬肉事業，連帶一起工作的先生也受感染，處理豬肉慢條斯理，有時候拿起一塊豬肉仔細端詳，珍惜地告訴客人：「你看切起來的肉都會發亮，這種肉怎麼可能不好吃呢？你回家水煮熟了，直接蘸醬油吃，保證絕對好吃得不得了。」

每次上門買肉，他們都像嫁女兒一般，依依不捨又讚不絕口。從他們手上拿到豬肉的我，也恭恭敬敬、歡歡喜喜迎回好好享用。每一回跟他們夫妻買肉，都不像交易，而是歡喜的感動交流。回家烹煮時，眼前浮現肉攤老闆滿足的笑臉，不禁暗忖：真是充滿祝福能量的幸福豬肉啊！

因此，每年舊曆年前一個月，我都會從這個豬肉攤開始，開啟過年序幕。用這樣充滿祝福能量的豬肉燻製臘肉，彷彿成為一種辭歲的祝禱儀式。

豬肉買回家之後，先備好鹽、二砂、蒜頭、花椒、甘草粉、高粱酒等調味料，取一個乾鍋，先將花椒、鹽各自分別炒過，其中花椒要中火炒香，千萬別炒焦了；鹽巴則是稍微將水分炒乾即可，放涼備用。

接下來，將鹽、糖、蒜頭、花椒、甘草粉、高粱酒等臘肉醃料混合均勻，再把醃料仔細塗抹在肉上，用馬殺雞手法，充分搓揉按摩入味。這時候就可以準備一個乾淨的桶子，將豬肉放在其中醃三個晚上，每晚記得要上下翻動一次。等豬肉和醃料的味道都滲透融合在一起，燻製過程就要開始了。

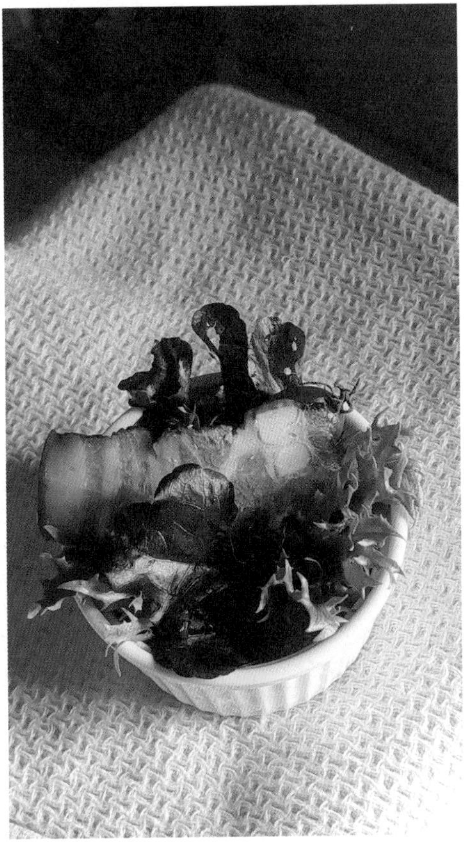

我會備好燻桶，下面放木炭，木炭上擱置帶皮甘蔗，再放入豬肉以小火燻製，約四至五個小時就完成。燻製過程中，炭香與蔗香交融在空氣中，從桶內溢出的香煙繚繞，盤旋在院子裡，心裡的年味兒也越燻越濃了。

瘋市場，逛它千遍不厭倦

我愛逛菜市場，癡狂程度可能一般人無法想像。到底有多瘋狂呢？

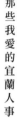

每天上菜市場只是基本盤，有時候甚至可以瘋到照三餐上市場採買。因此，我絕不會放過黃昏市場，幾乎生活裡的所有需求，都可以在市場得到滿足。有冷氣寬敞又整潔的大賣場，重要性反而沒有傳統市場來得大。

逛市場如逛灶腳的我，不單單去買菜，有時候只是專程跟攤販老闆聊天。可千萬不要以為我是菜市場大媽喔（其實根本就是），跟攤販們聊天其實很有趣，內容五花八門，不是八卦級別的閒事碎語，而是真心請教：「這個鳳梨跟那個鳳梨有什麼不一樣？」「我要做鳳梨米醬，該用什麼樣的鳳梨比較好呢？」「用黃的鳳梨去做，跟比較青的鳳梨做，到底有什麼不同？」

在我連珠炮的發問下，有時候小販也會被我問出興趣來，傾囊相授自己的看家本領，在這一來一往中，我如同練就吸星大法，吸取了市場內各門各派的功夫真傳。每一位攤販都有不同的獨門絕活，隨著歲月和實際操作不斷進化。每次當我發問，他們知無不言、言無不盡，一點都不藏私。跟各家各派請益的結果，再透過我的串連整合，對於同一食材，經常會產生全新的視角看待，並用不同方式去經驗它。

其實，傳統菜市場非常有趣，不僅食材新鮮，且廣納各式各樣不同屬性的攤位。有貨源來自批發大市場的正統攤販；也有將自家菜園多餘的菜拿出來販賣的小農攤販；還有自家有漁船或坐船出去海釣的魚攤，因為漁獲多到吃不完，故而拿出來銷售。總之在我眼中，傳統市場就是這樣一個有趣的所在。

有時候，對於一項食材苦無料理靈感，我也放下鍋鏟上市場遛遛，透過聊天以及與菜販的互動，新的創意火花或許就因此憑空出現。這就是我眼中如同百寶箱的菜市場。尤其在鄉下靠近產地的傳統市場，三不五時會出現一些意外的有趣食材，比如有些阿公阿嬤一大早去溪邊小溝摸河蜆，拿到菜市場三包、兩包地叫賣著。賣完之後，他們就地把賺來的錢換一些魚、肉回家，說起來也是一種很有情趣的生活方式。

若不知道河蜆怎麼煮，不明瞭它的功效，別擔心，只要願意花時間，阿公阿嬤會滔滔不絕跟你講上一小時，讓你徹頭徹尾了解這項食材的來龍去脈。

市場上遇見的每一位小販，都像是我的搜索引擎，只要按下去，就會有不同的解答出現，甚至連帶還會附送一兩個意想不到的故事。比如說，在宜蘭菜市場有一個素食攤位，攤上除了很多素料之外，也有許多有趣的零食，有一回看到攤位上滿滿的花生製品，有鹽炒、麻辣、裹炸蛋酥……多到目不暇給，忍不住好奇，順勢聊起來。老闆娘這才娓娓道來，說這是他們的招牌產品，已經祖傳第三代，麻辣口味尤其受歡迎。他們選用宜蘭沙地種植的花生，巧的是，固定合作的花生農也進入第三代，當下我立刻決定買回去，並且一試成主顧。他們的花生滋味濃郁、油脂飽和，每一顆都像電腦挑選過的規格統一，連拌炒的麻辣調味料也非常新鮮到位，讓人深刻感受到三代人共同堅持的口味與品質。

從此，麻辣花生變成我的口袋伴手禮，雖然沒有華麗包裝，但吃過的人都非常驚豔，直呼沒有吃過這麼好吃的花生。我想它的好不是華麗花俏的包裝手法跟配料，而是對食物與顧客的承諾，因此堅持用料跟製程始終如一，絲毫不偷工減料、不敢懈怠。

再如家裡有漁船的大溪現撈魚攤，每次上門買魚，老闆娘總會溫柔地細細解說，這個紅喉吃起來肉質多麼細膩，是宜蘭才有的特產，什麼時候是產期；青衣要如何料理，才會吃出特有滋味……不厭其煩地解說，像在介紹精品珠寶，讓我聽得津津有味。帶回家的魚，每次料理都一試就成功，從來沒有例外。

市場上還有一攤專門賣「麵龜」的攤位，一個個大大的紅色麵龜，像包餡的饅頭一樣，是節慶拜拜時經常出現的供品。這也是傳承兩代的老店舖，老闆娘常坐在店門口招呼客人，她說自己每天清早都會起來做麵龜，老店的麵龜跟工廠製品就是不一樣，口感細膩，內餡飽滿，是我家小孩可以週週連續吃不膩的點心。

市場裡有時還會出現一些季節性的食品，像一位很會做粉粿的阿公，通常只在夏季那三個月，會推出小攤車賣粉粿。他的粉粿顏色完全用梔子花的果實染色，搭配上自己熬的糖漿，盛夏食來真的好消暑氣。問他怎麼可以一直堅持做這麼好吃的粉粿，他說這是他從小吃到大的味道，捨不得放掉。正因為他的捨不得，我才有福分在炎炎夏日吃到這　好味道的透心涼粉粿呢！

我經常說，菜市場裡臥虎藏龍，每一位攤販都是達人，完全沒有言過其實。下次去逛市場，經過每一個攤位，買到每一樣食材，不妨稍微駐足停留一下，聽聽這些食材翻譯官的經驗談，告訴我們怎麼料理、怎麼吃最好。知識無價，人情最美，傳統菜市場之所以令我癡迷，讓我成瘋，最大原因或許正是這股濃濃的人情味吧！

曬製一夜干

材料

鮮魚 1 尾、米酒 20ml、
海鹽 1 小匙（約 3g）
味醂 20ml、水 600ml

準備工具

竹筷子

作法

1. 先將新鮮的魚從肚子剖開，變成片狀。
2. 調製一鍋鹽水，基本上比喝的湯稍鹹一點就好，加上一點米酒跟味醂。
3. 把剖開攤平的魚完全浸在鹽水裡，大約 2 個小時。
4. 把魚取出，用竹筷穿過魚眼位置，在竹筷的兩端綁上繩子。
5. 將魚吊在戶外，風乾一夜就完成了。

TIPS 冬季過年前後的寒冷氣溫，最適合製作一夜干。

泰雅族生醃豬肉
Tmmyan

材料

新鮮生豬肉 600g、小米 300g
粗鹽 36g（約為豬肉重量的 6%）
米酒適量

準備工具

乾淨的玻璃罐

作法

1. 準備一塊新鮮生豬肉，將豬肉切成一口大小。
2. 將小米煮至半熟（切忌把小米煮得太爛），放涼備用。
3. 將切好的豬肉用鹽先醃一下。
4. 最後將鹽醃過的豬肉跟放涼的小米用手搓揉拌勻，盡量讓每一個肉塊都沾滿小米。
5. 把作法 4 的豬肉放進準備好的玻璃罐中，稍微壓緊，最好整罐都能裝滿，盡量不要留空氣，最後在上頭淋上一點米酒，在把蓋子蓋起來。
6. 放在常溫下，夏天大約一週，冬天約 2 週，豬肉就熟成可以食用了，之後可以放進冰箱，一個月內吃完。

日曬蝦米

材料

新鮮蝦子、鹹度 3.5% 的鹽水

準備工具

竹篩、網袋

作法

1. 用如同海水鹹度 3.5% 的水煮蝦，煮到組織全熟後，撈起瀝乾。
2. 將蝦倒在竹篩上，放在大太陽底下曝曬，並時常翻動，比較容易曬乾。
3. 經過 3 ～ 4 天的曝曬後，將蝦米裝在網袋中，用力往地上摔，如此可以輕易地把蝦殼跟蝦米分離。
4. 再倒進竹篩中上下甩動，蝦殼跟蝦米就會自然分開。
5. 把不要的蝦殼去掉，剩下的日曬蝦米就完成了，放在冷凍庫可以保存半年以上。

煙燻臘肉

材料

豬五花肉一塊（約一斤）、帶皮甘蔗 3 ～ 4 段

豬肉醃料：鹽 37.5g(約一兩)、二砂糖 37.5g(約一兩)、蒜頭 200g、花椒少許、甘草粉少許、58 度高粱酒 100ml

準備工具

乾淨的桶子、燻桶

作法

1. 準備好鹽、二砂糖、蒜頭、花椒、甘草粉、高粱酒等需要的材料。
2. 先將花椒、鹽各自分別炒過，花椒要中火炒香，注意不要炒焦；鹽巴則是稍微將水分炒乾即可，放涼後待用。
3. 將鹽、糖、蒜頭、花椒、甘草粉、高粱酒等臘肉醃料混合均勻。
4. 將醃料均勻塗抹在肉上，並將皮的部分搓揉按摩入味。
5. 放進乾淨的桶子，醃三個晚上，每晚都需上下翻動。
6. 最後用燻桶，下面放木炭，木炭上放帶皮甘蔗，以小火燻製 4 ～ 5 小時即完成。

TIPS 使用燻桶煙燻時，將醃好的肉吊在燻桶的上方，下方則放有點燃的大塊木炭，木炭上再放甘蔗，最後在燻桶上蓋麻布袋，讓燻桶內形成有溫度、有蔗香的半密閉煙燻空間，讓肉低溫慢燻，變成臘肉。

田野裡的古早味

醃梅子、漬醬菜、釀米麴、做腐乳……阿嬤古傳的料理智慧

作　　者　朱美虹
攝　　影　楊文全
責任編輯　呂增娣、錢嘉琪
校　　對　魏秋綢、朱美虹
封面設計　劉旻旻
內頁設計　劉旻旻
副總編輯　呂增娣
總 編 輯　周湘琦

董 事 長　趙政岷
出 版 者　時報文化出版企業股份有限公司
108019 台北市和平西路三段 240 號 2 樓

發行專線　(02)2306-6842
讀者服務專線　0800-231-705　(02)2304-7103
讀者服務傳真　(02)2304-6858
郵　　撥　19344724 時報文化出版公司
信　　箱　10899 臺北華江橋郵局第 99 信箱

時報悅讀網　http://www.readingtimes.com.tw
電子郵件信箱　books@readingtimes.com.tw
法律顧問　理律法律事務所　陳長文律師、李念祖律師
印　　刷　華展印刷有限公司
初版一刷　2024 年 02 月 16 日
初版二刷　2024 年 05 月 23 日
定　　價　新台幣 450 元

田野裡的古早味：醃梅子、漬醬菜、釀米麴、做腐乳……阿嬤古傳的料理智慧 / 朱美虹著 . -- 初版 . -- 臺北市：時報文化出版企業股份有限公司 , 2024.02
面；　公分
ISBN 978-626-374-877-4(平裝)

1.CST: 食物鹽漬 2.CST: 食物酸漬 3.CST: 食譜

427.75　　113000392

ISBN 978-626-374-877-4
Printed in Taiwan.